高等职业教育机械类专业新形态系列教材

数控机床电气控制

主　编　王同庆　商丹丹

副主编　李文强　李　毅　韩志国　张　艳

参　编　周树清　王岳松

U0378510

西安电子科技大学出版社

内 容 简 介

　　本书按照项目引领、任务驱动的模式组织编写，旨在为学生提供一本全面、系统的数控机床电气控制教材。全书共分六个项目，分别为数控机床概述、数控机床电气控制基础、绘制机床电气控制线路图、数控机床进给运动的控制、数控机床主轴的控制、通用 PLC 指令。通过学习本书，读者可以全面了解数控机床的基本原理和控制方法，掌握数控机床电气控制系统的设计和调试技巧，提高数控机床的应用能力和故障排除能力。

　　本书适合高等职业院校机械类、机电类专业及其他相关专业的学生和教师使用，对于数控机床相关领域的工程技术人员、管理人员、操作人员来说也是一本很好的参考资料和学习指南。

图书在版编目(CIP)数据

　　数控机床电气控制 / 王同庆, 商丹丹主编. 西安 ： 西安电子科
技大学出版社, 2024. 12. -- ISBN 978-7-5606-7420-9

　　Ⅰ. TG659

　　中国国家版本馆 CIP 数据核字第 20249391EZ 号

策　　划　　刘小莉
责任编辑　　刘小莉
出版发行　　西安电子科技大学出版社(西安市太白南路 2 号)
电　　话　　(029)88202421　88201467　　　　　邮　　编　　710071
网　　址　　www.xduph.com　　　　　　　　　　电子邮箱　　xdupfxb001@163.com
经　　销　　新华书店
印刷单位　　陕西日报印务有限公司
版　　次　　2024 年 12 月第 1 版　　　　　　　　2024 年 12 月第 1 次印刷
开　　本　　787 毫米×1092 毫米　1/16　　　　　印　　张　　10
字　　数　　233 千字
定　　价　　31.00 元

ISBN 978-7-5606-7420-9

XDUP 7721001-1

前 言

PREFACE

随着现代制造业的快速发展,数控机床在生产中的应用越来越广泛。数控机床的高效性、精确性和稳定性使其成为制造业的重要工具。电气控制是数控机床的核心,它直接关系到数控机床的性能和加工质量。因此,学习和掌握数控机床电气控制的知识和技能对于培养高素质的工程技术人才至关重要。

"数控机床电气控制"课程是高等职业院校智能制造装备技术、数控技术、机械制造及自动化、机电一体化等专业必修的核心课程。作为该课程的教材,本书是根据智能制造装备技术等专业人才培养方案对数控机床安装和调试能力的要求以及"1+X"数控设备维护与维修证书的能力要求,遵循国家职业标准和职业技能鉴定规范编写而成的,目的是培养职业技能型专业人才的数控机床故障诊断能力和维修能力。

全书包括数控机床概述、数控机床电气控制基础、绘制机床电气控制线路图、数控机床进给运动的控制、数控机床主轴的控制、通用 PLC 指令六个项目,较为全面地介绍了数控机床电气控制的基本原理和应用技术。

项目一介绍数控机床的基本概念、分类和工作原理,使读者建立起对数控机床的整体认识;项目二重点讲解数控机床电气控制的基础理论和常用元件;项目三通过实例分析,介绍如何绘制机床电气控制线路图,为进行实际的电气设计工作打下基础;项目四详细介绍数控机床进给运动的控制方法和技术,包括伺服系统的原理和应用、闭环控制系统的设计等;项目五聚焦于数控机床主轴的控制,介绍了主轴驱动系统的选择和调试、主轴速度控制的方法等;项目六介绍通用 PLC 指令的使用方法和技巧,帮助学生掌握 PLC 编程基本技能。

本书结合新时代高等职业教育的要求和特点,以"必需、够用"为原则组织内容,力求语言简练、条理清晰、深入浅出,注重理论与实践的结合,通过丰富的实例分析帮助读者理解和应用所学知识。每个任务都包括详细的知识点介绍,以培养读者的数控机床安装和调试能力,以及分析实际问题和解决实际问题的综合能力。

在编写本书前,我们多次邀请各院校专家和骨干教师集思广益,明确了本书的编写思路和要求;主编提出编写大纲,经编委会成员讨论,吸取多方意见修改确定。本书由王同庆、商丹丹任主编，李文强、李毅、韩志国、张艳任副主编，参与编写的还有周树清、王岳松。具体编写分工如下：王同庆编写项目二、项目三，商丹丹、张艳编写项目四，李文强、周树清编写项目五，李毅编写项目一，韩志国、王岳松编写项目六，全书由王同庆统稿。

希望读者能够通过学习本书，全面提升自己的专业素养和工程实践能力。同时，也希望本书能够为相关领域的教师和工程技术人员提供有价值的参考。

由于编者水平有限，书中难免有不妥之处，恳请读者不吝赐教，以便再版时修改完善。

编　者

2024 年 8 月

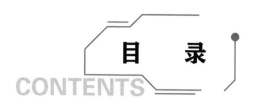

目 录
CONTENTS

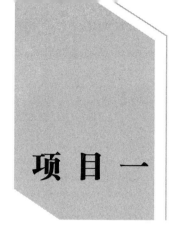

项 目 一

数控机床概述

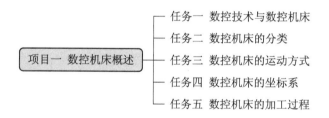

项目体系图

项目一 数控机床概述
- 任务一 数控技术与数控机床
- 任务二 数控机床的分类
- 任务三 数控机床的运动方式
- 任务四 数控机床的坐标系
- 任务五 数控机床的加工过程

课程导学——数控机床电气控制

项目描述

本项目以数控技术作为出发点，介绍其基本概念和主要应用，重点介绍数控机床的产生及其发展趋势，数控机床的分类，不同数控机床的运动方式，数控机床的坐标系，数控机床的加工过程。

知识目标

掌握数控技术的基本概念；熟悉数控机床的发展趋势；掌握我国数控机床的发展过程。

能力目标

能够熟知数控技术的基本概念；能够根据数控技术基础知识了解 NC 机床的主要概念；能够根据数控技术基础知识了解 CNC 机床的主要概念。

⚙ 教学重点

数控技术的基本概念；数控机床的分类。

⚙ 教学难点

我国数控机床的发展过程；数控机床的加工过程。

任务一　数控技术与数控机床

数控技术和数控机床

数控技术是制造业实现自动化、柔性化、集成化生产的基础，是提高产品质量、提高劳动生产率必不可少的技术手段，也是发展国防现代化的重要手段。想要应用好数控技术，发挥数控机床的高效益，就必须了解它的组成和工作原理，正确地操作和精心地维护，使其创造更大的价值。

一、数控技术的基本概念

数控技术，也称数字控制(numerical control, NC)，是指采用数字控制的方法对某一工作过程实现自动控制的技术。用数控技术对机床的运动及加工过程进行控制的机床称作数控机床。

早期的数控机床的数控装置是由各种逻辑元件、记忆元件组成随机逻辑电路，由硬件来实现数控功能的，称作硬件数控，用这种技术实现的数控机床称作 NC 机床。

现代数控系统采用微处理器或专用微机的数控(computer numerical control, CNC)系统，用事先存放在存储器里的系统程序(软件)来实现逻辑控制，实现部分或全部数控功能，并通过接口与外围设备连接，这样的机床称作 CNC 机床。

二、数控机床的产生

随着科学技术的发展，机械产品的结构越来越合理，它们的性能、精度和效率日趋提高，更新换代频繁。随着生产类型从大批量生产向多品种小批量生产转化，对机械产品的加工相应提出了高精度、高自动化与高柔性的要求。数控机床就是为了解决单件、小批量，特别是复杂型面零件加工的自动化并保证质量要求而产生的。第一台数控机床是 1952 年美国 Parsons 公司与麻省理工学院(MIT)合作研制的三坐标数控铣床，它综合应用了电子计算机、自动控制、伺服驱动、精密检测与新型机械结构等多方面的技术成果，可用于加工复杂曲面零件。

数控机床控制系统的发展先后经历了电子管(1952 年)、晶体管(1959 年)、小规模集成电路(1965 年)、大规模集成电路及小型计算机(1970 年)和微处理机或微型计算机(1974 年)等 5 代。

三、数控机床的发展趋势

数控机床是应用计算机数控技术，对机床进行控制和管理的一种现代化机床，其广泛应用于汽车、航空航天、机械制造等领域。随着科技的进步和市场需求的增加，数控机床的技术也在不断创新和发展。

目前，数控机床的发展方向主要包括以下几个方面：

(1) 高速化和高效化。随着制造业的发展，生产效率和生产速度成为关键词。因此，数控机床需要不断提高生产速度，提高生产效率。高速化和高效化是数控机床技术的重要发展方向之一。

(2) 自动化和智能化。随着自动化技术和人工智能的不断发展，自动化和智能化也成为数控机床技术的重要发展方向之一。数控机床需要不断提高自动化程度，实现人机协同，降低人工干预的程度。例如，自适应控制(adaptive control, AC)技术是能修正自己的特性以适应对象和扰动的动态特性的变化，且能使切削过程达到并维持最佳状态的技术。

(3) 精密化和高精度化。精密化和高精度化是数控机床技术的核心要求之一。数控机床可以通过采用补偿技术、减少数控系统误差提高数控机床的加工精度。

(4) 多功能化和高灵活度。随着市场需求逐渐多样化和个性化，数控机床需要不断地多功能化和提高灵活性，以满足不同客户的需求。数控机床可以完成的加工工艺越复杂、功能越多，可以加工的产品就越精密、越高端，对于操作数控机床加工的技能型人才的要求也越高。

(5) 高可靠性。高可靠性也是数控机床技术的重要发展方向之一，提高数控系统的硬件质量以及采用模块化、标准化和通用化设计可提高数控机床的可靠性。

四、我国数控机床的发展过程

自 1958 年我国研制出第一台数控机床至今已有 60 多年的历史。我国数控机床的发展过程可大致分为两大阶段。

第一阶段为 1958—1979 年。在这一阶段中，我们对数控机床的特点、发展条件尚没有足够的了解，数控机床的应用基础也不牢固。这一阶段属于数控机床发展的萌芽期。

第二阶段为 1980 年至今。在这一阶段中，我国先后从日、德、美等 11 个国家和地区引进数控机床先进技术并与其合资生产，解决了可靠性与稳定性方面的问题，数控机床开始生产使用，并逐步向前发展。

1998—2004 年，我国国产数控机床产量年平均增长率为 39.3%，消费量年平均增长率为 34.9%。同时，进口机床的势头依然强劲。从 2002 年开始，我国连续三年成为世界机床消费第一大国、机床进口第一大国。2004 年我国机床主机消费高达 94.6 亿美元。此时，国内数控机床制造企业在中高档与大型数控机床的研究开发方面与国外的差距明显，70% 以上的此类设备和绝大多数的功能部件均依赖进口。

近年来，在国家政策利好及企业不断追求创新的背景下，我国数控机床行业发展迅速。数据显示，2019 年我国数控机床产业市场规模达 3270 亿元。由于疫情的影响以及能源供应限制，2020 年我国数控机床产业市场规模小幅下降，市场规模为 2473 亿元，同比下降 24.4%。2021 年我国数控机床产业市场规模恢复增长，达 2687 亿元，2023 年达 4090 亿元。图 1-1 所示为沈阳摇臂钻床厂生产制造的 Z30 系列摇臂钻床。

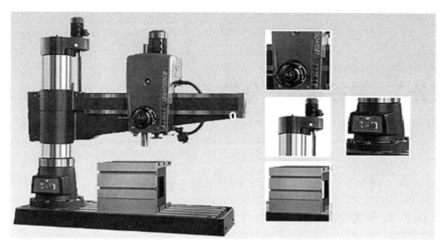

图 1-1　Z30 系列摇臂钻床

　　如今在数控机床方面，我们与美、日、德等国家的差距依然很大，我们应当充分认识国产数控机床的不足，借鉴其他国家数控机床的优点，努力发展技术，加大创新力度，为把我国建设成为引领世界制造业发展的制造强国而努力奋斗。

任务二　数控机床的分类

数控机床种类繁多，分类方式也各不同，下面我们按照不同的分类依据进行介绍。

一、按工业用途分类

数控机床按工业用途可分为如下几类。

(1) 数控车床(NC lathe)。数控车床用于加工各种轴类、套筒类和盘类零件上的回转表面，如内外圆柱面、圆锥面、成型回转表面及螺纹面等。

(2) 数控铣床(NC milling machine)。数控铣床适合于加工各种箱体类和板类零件，除对工件进行型面的铣削加工外，也可以对工件进行钻、扩、铰、锪、镗及攻螺纹等加工。

(3) 数控钻床(NC drilling machine)。数控钻床主要用于钻孔、扩孔、铰孔、攻丝等，在汽车、机车、造船、航空航天、工程机械等行业有广泛的应用，在超长型叠板、纵梁、结构钢、管型件等多孔系的各类大型零件的钻孔加工中有出色表现。

(4) 数控镗床(NC boring machine)。镗床是用镗刀对工件已有的预制孔进行镗削的机床，主要用于加工高精度孔或一次定位完成多个孔的精加工，此外还可以从事与孔加工有关的其他加工面的加工。若使用不同的刀具和附件，镗床还可进行钻削、铣削，它的加工精度和表面质量要高于钻床。镗床是加工大型箱体零件的主要设备。

(5) 数控齿轮加工机床(NC gear cutting machine)。数控齿轮加工机床是用于加工各种圆柱齿轮、锥齿轮和其他带齿零件齿部的机床。

(6) 数控平面磨床(NC surface grinding machine)。数控平面磨床用于大型短宽工件的平面磨削加工。

(7) 数控外圆磨床(NC external cylindrical grinding machine)。数控外圆磨床主要用于磨削圆柱和圆锥的外表面。

(8) 数控轮廓磨床(NC contour grinding machine)。数控轮廓磨床能够对两个或两个以上运动的位移及速度进行连续相关的控制，使合成的平面或空间的运动轨迹能满足零件轮廓的要求。它不仅能控制机床移动部件的起点与终点坐标，而且能控制整个加工轮廓每一点的速度和位移，将工件加工成要求的轮廓形状。数控轮廓磨床就是典型的轮廓控制数控机床。

(9) 数控工具磨床(NC tool grinding machine)。数控工具磨床用来加工立铣刀、球头铣刀、阶梯钻、铰刀、成形铣刀、深孔钻、三角凿刀和牛头刨刀等，能刃磨金属切削刀具的刃口和沟槽及一般中、小型零件的外圆、平面和复杂形面，最大磨削工件直径为 250 mm。

(10) 数控坐标磨床(NC jig grinding machine)。数控坐标磨床是具有高磨削性能的精密万能外圆磨床，可以利用直线和圆弧逼近的方法，对淬火后的、具有任意曲线的平面图形的样板、模具型腔和冲头等零件进行加工。

(11) 数控电火花加工机床(NC electric discharge machine)。数控电火花加工机床是采用电火花原理进行数控加工的机床。电火花加工的原理是在极短的时间内击穿工作介质，在工具电极和工件之间进行脉冲性火花放电，通过热能熔化、气化工具材料来去除工件上多余的金属。电火花加工是在液体介质中进行的，机床的自动进给调节装置使工件和工具电极之间保持适当的放电间隙，当在工具电极和工件之间施加很强的脉冲电压(达到间隙中介质的击穿电压)时，会击穿介质绝缘强度的最低处，因为放电区域很小、放电时间极短，所以能量高度集中，使放电区的温度瞬时高达 10 000～12 000℃，工件表面和工具电极表面的金属被局部熔化，甚至气化蒸发。局部熔化和气化的金属在爆炸力的作用下被抛入工作液中，并被冷却为金属小颗粒，然后被工作液迅速冲离工作区，从而使工件表面形成一个微小的凹坑。一次放电后，介质的绝缘强度恢复，等待下一次放电。如此反复使工件表面不断被蚀除，并在工件上复制出工具电极的形状，从而达到成型加工的目的。

(12) 数控线切割机床(NC wirecut electric discharge machine)。它的基本工作原理是用连续移动的细金属丝(称为电极丝)作电极，对工件进行脉冲火花放电，蚀除金属、切割成型。

(13) 数控激光加工机床(NC laser beam machine)。数控激光加工机床是激光束高亮度(高功率)、高方向性特性的一种技术应用。其基本原理是把具有足够功率(或能量)的激光束聚焦(焦点光斑直径可小于 0.01 mm)后，照射到材料适当的部位，材料接受激光照射能量后，在 10～11 s 内便开始将光能转变为热能，被照部位迅速升温。根据不同的光照参量，材料可以发生气化、熔化、金相组织变化以及产生相当大的热应力，从而达到工件材料被去除、连接、改性和分离等加工目的。

(14) 数控冲床(NC turret punch)。数控冲床是数字控制冲床的简称，是一种装有程序控制系统的自动化机床。该控制系统能够根据程序编码或其他符号指令程序控制冲床动作并加工零件。

(15) 加工中心(machining center)。加工中心是一种把铣削、镗削、钻削、攻螺纹和切削螺纹等功能集中在一台设备上，工件一次装夹后能完成较多加工步骤的数控机床。由于加工中心配有刀库和自动换刀控制系统，因此它的加工效率和加工精度都很高。

(16) 数控超声波加工机床(NC ultrasonic machine)。它是将超声波技术与数字化控制相结合的数控加工机床。

二、按工艺用途分类

数控机床按工艺用途可分为普通数控机床、数控加工中心、多坐标数控机床和特种加工数控机床。

数控机床按照工艺用途分类

(1) 普通数控机床。普通数控机床的工艺性能与传统的通用机床相似，包括数控车床(增加加工空间圆弧面)、数控铣床(增加加工空间曲面)、数控刨床、数控镗床、数控钻床、数控磨床等。

(2) 数控加工中心。数控加工中心又称多工序数控机床，是带有刀库和自动换刀控制系统的数控铣床。工件一次装夹后，能实现多种工艺、多道工序的集中加工，减少了装卸工件、调整刀具及测量的辅助时间，提高了生产效率，减少了工件因多次安装而带来的误差。

(3) 多坐标数控机床。能实现 3 个或 3 个以上坐标轴联动的数控机床称为多坐标数控机床，它能加工形状复杂的零件。常见的多坐标数控机床能实现联动的坐标轴数一般为 4～6 个。坐标数是指数控机床能进行数字控制的坐标轴数。需要注意的是，行业术语中的两坐标加工或三坐标加工是指数控机床能实现联动的坐标轴。

(4) 特种加工数控机床。特种加工数控机床是利用电脉冲、激光和高压水流等非传统手段进行加工的数控机床，如数控电火花加工机床、数控线切割机床和数控激光切割机床等。

三、按功能水平的高低分类

数控机床按功能水平可分为经济型数控机床、普通型数控机床和精密型数控机床。

数控机床功能水平的高低一般取决于以下几个参数和功能。

(1) 中央处理单元：经济型数控机床采用 8 位的 CPU，普通型和精密型数控机床采用由 16 位到 32 位或者 64 位且采用精简指令集的 CPU。

(2) 分辨率和进给速度：经济型数控机床的分辨率为 10 μm，进给速度为 8～15 m/min；普通型数控机床的分辨率为 1 μm，进给速度为 15～24 m/min；精密型数控机床的分辨率为 0.1 μm，进给速度为 24～100 m/min 或更高。

(3) 多轴联动轴数：经济型数控机床采用 2～3 轴联动；普通型和精密型数控机床采用 3～5 轴联动，甚至更多。

(4) 显示功能：经济型数控机床只有简单的数码显示或者简单的 CRT 字符显示；普通型数控机床则有较为齐全的 CRT 显示，还有图形、人机对话、自诊断等功能；精密型数控机床则还有三维图形显示。

(5) 通信功能：经济型数控机床无通信功能；普通型数控机床有 RS 232 或者 DNC 等接口；精密型数控机床有 MAP 等高性能通信接口。

除可用以上几种参数或功能来衡量数控机床的档次外，还可用伺服系统的类型和可编程控制器功能的强弱来衡量。

四、按伺服系统分类

数控机床按伺服系统可分为开环控制系统、闭环控制系统、半闭环控制系统和混合型控制系统。

(1) 开环控制系统数控机床。数控系统发出的指令信号经驱动电路放大后，驱动步进电动机旋转一定的角度，再经过传动部件，如螺杆螺母机构(把旋转运动转化为直线位移的机构)，带着工作台移动。它的指令信号发出后，控制移动部件到达的实际位置值没有反馈，即没有反馈检测装置。这类数控机床的特点是机床结构简单，调试维修方便，成本低，但加工精度低。

(2) 闭环控制系统数控机床。数控系统发出指令信号后，控制实际进给的速度量和位移量，经过速度检测元件(测速发电机)及直线位移检测元件(磁尺)的检测后，反馈回速度控制电路和位置比较电路与指令值进行比较，然后用差值控制进给，直到差值为零。这类数控机床的特点是有检测反馈装置，且位置检测装置在控制终端(工作台)，所以闭环控制系统数控机床的加工精度高，但它的结构复杂，调试维修困难，成本高。

(3) 半闭环控制系统数控机床。其装有检测反馈装置，和闭环控制系统数控机床的区别是，位置检测装置采用转角位移检测元件(光电编码盘)且安装在伺服电动机轴或传动丝杠的端部，丝杠到工作台之间的传动误差不在反馈控制范围之内。这类数控机床的特点是精度低于闭环控制系统数控机床，高于开环控制系统数控机床，调试和维修难度介于两者之间，市场需求量相对较大。

(4) 混合型控制系统数控机床。将开环、闭环、半闭环控制系统数控机床的优点有选择地组合起来，就构成了混合型控制系统数控机床，它特别适用于精度要求高、进给速度快的加工场合。

任务三　数控机床的运动方式

数控机床按照
运动方式分类

数控机床的运动方式通常可分为点位控制、直线控制和连续轮廓控制。

一、点位控制

点位控制(positioning control)是只控制刀具从一点到另一点的位置,而不控制移动速度和轨迹,在移动过程中刀具不进行切削加工。点与点之间的移动轨迹、速度和路线决定了生产率的高低。为了提高加工效率,保证定位精度,点位控制采用"快速趋近,减速定位"的方法实现控制。常见的有数控钻床、数控测量机等。图 1-2 所示为点位控制加工示意图,图中虚线为三种加工走刀路线。

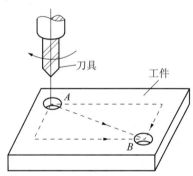

图 1-2　点位控制加工示意图

二、直线控制

直线控制(straight-line control)是控制刀具或机床工作台以给定的速度,沿平行于某一坐标轴的方向,由一个位置到另一个位置精确移动,并且在移动过程中进行直线切削加工。直线控制不仅要求具有准确的定位功能,而且要控制两点之间刀具移动的轨迹是一条直线,且在移动过程中刀具能以给定的进给速度进行切削加工。直线控制的刀具运动轨迹一般是平行于各坐标轴的直线。特殊情况下,如果同时驱动两套运动部件,其合成运动的轨迹是与坐标轴成一定夹角的斜线。常见的有数控车床、数控镗床等。图 1-3 所示为直线控制的加工路线图。

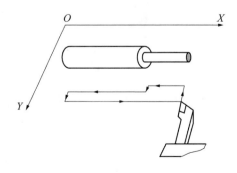

图 1-3　直线控制的加工路线图

三、连续轮廓控制

轮廓控制能同时控制两个或两个以上的坐标轴运动，这需要数控机床的数控系统进行复杂的插补运算，即根据给定的运动代码指令和进给速度，计算出刀具相对工件的运动轨迹，以实现连续轮廓控制。这类数控机床有数控车床、数控铣床、数控线切割机床、数控加工中心等。图 1-4 所示为数控线切割机床加工示意图。

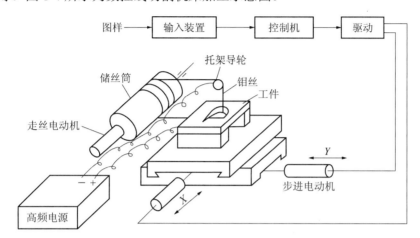

图 1-4　数控线切割机床加工示意图

任务四 数控机床的坐标系

数控机床坐标原点

数控机床的坐标系是为了确定工件在机床中的位置，机床运动部件的特殊位置以及运动范围而建立的几何坐标系。建立机床坐标系可以确定机床的位置关系，从而获得所需的相关数据。现代数控机床均可设置多个工件坐标系，在加工时通过指令进行工件坐标系转换，这也是数控机床走向高质量发展的先决条件。

一、机床原点与机床坐标系

机床原点也称机床坐标系的零点 M，是确定数控机床坐标系的零点及其他坐标系和机床参考点(或基准点)的出发点。也就是说，数控机床坐标系是由生产厂家事先确定的，可在机床用户使用说明书(手册)中查到。这个原点是在机床调试完成后便确定的，是机床上固有的一个基准点。可用回零方式建立机床原点。机床原点的建立过程实质上是机床坐标系的建立过程。

数控车床的机床坐标零点多在主轴法兰盘接触面的中心(即主轴前端的中心)上。主轴为 Z 轴，主轴法兰盘接触面的水平面为 X 轴。$+X$ 和 $+Z$ 轴的方向指向加工空间。

数控铣床的机床坐标零点因生产厂家而异，如有的数控铣床的机床坐标零点在左前方，X、Y 轴的正方向对着加工区，刀具在 Z 轴负方向移动接近工件。

机床参考点是用来对测量系统定标，用以校正、监督工作台和刀具运动的。它是由机床制造厂家定义的一个点 R，点 R 和点 M 的坐标关系是固定的，其位置参数存放在数控系统中。当数控系统启动时，都要执行返回参考点 R，由此建立各种坐标系。参考点 R 的位置是在每个轴上用挡块和限位开关精确地预先确定好的，多位于加工区域的边缘。

机床坐标系是以机床原点为坐标系零点的坐标系，是机床固有的坐标系，具有唯一性。机床坐标系是数控机床中所建立的工件坐标系的参考坐标系。

注意：机床坐标系一般不作为编程坐标系，仅作为工件坐标系的参考坐标系。

二、工件原点与工件坐标系

工件坐标原点也称工件原点或编程原点，其位置由编程者自行确定。工件原点确定的原则是简化编程和计算，故应尽量将工件原点设在零件图的尺寸基准或工艺基准处。

三、工件坐标原点的应用

工件坐标原点的应用主要有以下三种情况：

(1) 工件原点。为编程方便在零件、工件夹具上选定的某一点或与之相关的点。该点也可以与刀点重合。

(2) 工件坐标系。以工件原点为零点建立的一个坐标系。编程时，所有的尺寸都基于此坐标系计算。

(3) 原点偏置。在加工时，工件装夹到机床上，通过对刀求得工件原点与机床原点间的距离。

四、机床原点与工件原点的区别

机床原点是指机床坐标系的原点，是机床上的一个固定点，它是机床调试和加工时的基准点，是唯一的。工件原点是指加工程序的零点位置，一般也是工件的对刀点，它是由编程人员在编制加工程序时根据工件的特点选定的，所以也称编程原点。图 1-5 所示为机床坐标系与工件坐标系的关系。

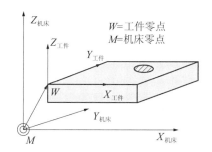

图 1-5　机床坐标系与工件坐标系的关系

任务五　数控机床的加工过程

数控机床的加工过程

数控机床加工工件的基本过程是指从零件图到零件加工完成的整个过程。数控技术给机械制造业带来了革命性的变化。现在数控技术已成为制造业实现自动化、柔性化、集成化生产的基础技术，现代的 CAD/CAM、FMS 和 CIMS、AM 和 IM 等，都是建立在数控技术之上的。图 1-6 所示为数控机床加工过程示意图。

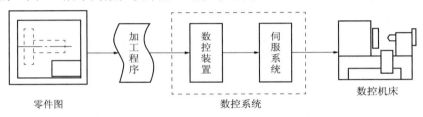

图 1-6　数控机床加工过程示意图

一、数控车床的加工

数控车床加工就是一种高精度、高效率的自动化机床用数字信息控制零件和刀具位移的机械加工方法。数控车床加工是一种精密零件的加工方式，可加工各种类型的材质，如316 不锈钢、304 不锈钢、碳钢、合金钢、合金铝、锌合金、钛合金、铜、铁、塑胶、亚克力、POM、UHWM 等，可加工方、圆组合的复杂结构的零件。数控车床加工是解决航空航天产品零件等品种多变、批量小、形状复杂、精度高等问题和实现高效化和自动化加工的有效途径。

二、数控铣床的加工

数控铣床可加工各种类型的材质，例如不锈钢、碳钢、合金钢、合金铝、锌合金、钛合金、铜、铁、亚克力、铁氟龙、POM 等金属及塑胶的原材料，可加工成方、圆组合的复杂结构的零件。

三、加工中心的加工

数控加工中心的综合加工能力较强，工件一次装夹后能完成较多的加工内容，加工精度较高，就中等加工难度的批量工件，其效率是普通设备的 5～10 倍，特别是它能完成许多普通设备不能完成的加工，对形状较复杂、精度要求高的单件加工或中小批量多品种生产更为适用。它把铣削、镗削、钻削、攻螺纹和切削螺纹等功能集中在一台设备上，使其具有多种加工方式。

习　　题

1. 什么是数控技术？
2. 数控机床如何分类？
3. 简述开环、半闭环、闭环控制系统的区别。

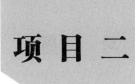

项目二

数控机床电气控制基础

项目体系图

项目描述

低压电器是数控机床电气控制系统的基本组成元件，被广泛应用在各种通用机床、组合机床、数控机床及柔性制造系统的配电装置和电力拖动控制系统中，控制系统的优劣与所用的低压电器直接相关，因此，本项目主要掌握低压电器的定义和分类，以及常用低压电器的结构及工作原理，有利于进一步读懂电气控制原理图，也是掌握数控机床电气控制技术的重要基础。

知识目标

掌握常用机床电器的基础知识；熟悉常见数控机床控制电器的种类和工作原理。

能力目标

能够从电气原理图中，识别低压电器的名称和符号。

教学重点

常用机床电器的结构、工作原理、电路逻辑、主要技术参数、使用场合以及选用方法。

教学难点

了解低压电器的结构组成，描述常见低压电器的工作原理。

任务一　常用机床电器的基础知识

低压电器的定义和分类

机床电器是数控机床电气控制系统的基本组成元件，被广泛应用在各种通用机床、组合机床、数控机床及柔性制造系统的配电装置和电力拖动控制系统中。由于应用于机床电气控制系统的主要电器元件都属于低压电器的范畴，因此，本书重点介绍各种低压电器的基础知识。掌握低压电器的结构和工作原理，有利于对机床电器及控制系统的故障分析，是掌握机床电气控制技术的重要基础。

一、电器的定义

电器是用于接通和断开电路或对电路和电气设备进行保护、控制和调节的电工器件。凡是用于交流电压 1200 V 以下及直流电压 1500 V 以下电路中的电器都称为低压电器。

二、电器的分类

机床电器种类繁多，结构各异，用途广泛，功能多样。其分类方法很多，下面介绍机床电器常用的分类方法。

1. 按其在电路中作用划分

(1) 控制类电器。控制类电器包括开关电器、主令电器、接触器、控制继电器等。其在电路中主要起控制、转换作用。

(2) 保护类电器。保护类电器包括熔断器、热继电器、过电流继电器、欠电压继电器、过电压继电器等。其在电路中主要起保护作用。

2. 按其动作方式划分

(1) 自动切换电器。自动切换电器是在完成接通、分断或使电动机启动、反向及停止等动作时，依靠其自身的参数变化或外来信号而自动进行动作的电器，如接触器、继电器、熔断器等。

(2) 非自动切换电器。非自动切换电器是通过人力做功直接扳动或旋转操作手柄来完成切换的电器，如刀开关、转换开关、控制按钮等。

三、机床电器的主要性能参数

为了正确、可靠、经济地使用电器，就必须要有一套用于衡量电器性能优劣的技术指标。机床电器的主要技术参数有以下几种：

1. 额定绝缘电压

额定绝缘电压是指电器所能承受的最高工作电压。它是由各个电器的结构、材料、耐压等诸多因素决定的电压值。

2. 额定工作电压

额定工作电压是指在规定条件下能保证电器正常工作的电压值，通常指主触点的额定电压。有电磁机构的电器还规定了吸引线圈的额定电压。

3. 额定发热电流

在规定条件下，电器长时间工作，各部分的温度不超过极限值时所能承受的最大电流值为额定发热电流。

4. 额定工作电流

额定工作电流是指电器在规定的使用条件下，能保证其正常工作时的电流值。规定的使用条件是指电压等级、电网频率、工作制、使用类别等在某一规定的参数下。同一电器在不同的使用条件下，有着不同的额定电流等级。

5. 通断能力

通断能力是指低压电器在规定的使用条件下，能可靠地接通和断开的最大电流。通断能力与电器的额定电压、负载性质、灭弧方法等有着很大的关系。

6. 电器寿命

电器寿命是指机床电器在规定条件下，在不需要维修或更换器件时带负载操作的次数。

7. 机械寿命

机械寿命是指低压电器在不需要维修或更换器件时所能承受的空载操作的次数。

此外，机床电器还有线圈的额定参数、辅助触点的额定参数等技术指标。

刀开关

一、刀开关

刀开关也称闸刀开关，适用于不频繁地通断容量较小的低压供电线路。

刀开关主要由操作手柄、触刀、触点座和底座等组成。图 2-1 所示为 HK 系列瓷底胶盖刀开关的结构。

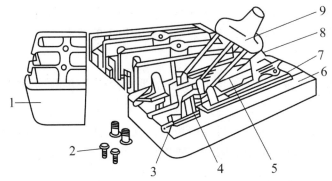

1—胶盖；2—胶盖紧固螺钉；3—进线座；4—静触点；5—熔体；
6—瓷底；7—出线座；8—动触点；9—瓷柄。

图 2-1　HK 系列瓷底胶盖刀开关的结构

该系列刀开关没有专门的灭弧设备，用胶盖来防止电弧灼伤人手，拉闸和合闸时应动作迅速，使电弧较快地熄灭，以减轻电弧对刀片和触座的灼伤。

刀开关分为单极、双极和三极。刀开关的电气图形及文字符号如图 2-2 所示。

(a) 单极　　　(b) 双极　　　(c) 三极

图 2-2　刀开关的电气图形及文字符号

按刀的转换方向可分为单掷和双掷；按灭弧装置情况可分为带灭弧罩和不带灭弧罩；按操作方式可分为直接手柄操作式和远距离连杆操纵式；按接线方式可分为板前接线式和板后接线式。

刀开关的型号含义如图 2-3 所示。

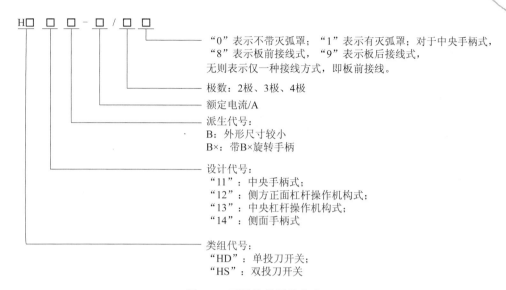

图 2-3　刀开关的型号含义

刀开关在安装和使用时应注意以下事项：

要保证刀开关在合闸状态下手柄向上，不能倒装或平装。倒装时，手柄有可能会自动下滑而引起误合闸，造成人身伤亡事故。接线时，应将电源进线端接在静触点一边的端子上，负载应接在动触点一边的出线端子上。这样，拉开闸后刀开关与电源隔离，便于检修。

刀开关的主要技术参数如下：

(1) 额定电压。额定电压是指在规定条件下，刀开关长期工作中能承受的最大电压。

(2) 额定电流。额定电流是指在规定条件下，刀开关在合闸位置允许长期通过的最大工作电流。

(3) 通断能力。通断能力是指在规定条件下，刀开关在额定电压时能接通和分断的最大电流值。

(4) 电寿命。电寿命是指在规定条件下，刀开关不经维修或更换零件的额定负载操作循环次数。

在选择刀开关时，应使其额定电压等于或大于电路的额定电压，其电流应等于或大于电路的额定电流。当用刀开关控制电动机时，其额定电流要大于电动机额定电流的 3 倍。

目前，生产的刀开关常用型号系列有 HD、HK 和 HS 等。

二、转换开关

转换开关又称组合开关，是一种具有多操作位置和触点、能转换多个电路的手动控制电器。

转换开关有多对静触片和动触片，分别装在由绝缘材料隔开的胶木盒内，其静触片固定在绝缘垫板上，动触片套装在有手柄的绝缘转动轴上，转动手柄可改变触片的通断位置，以达到接通或断开电路的目的。

HZ10-10／3 型转换开关如图 2-4 所示。

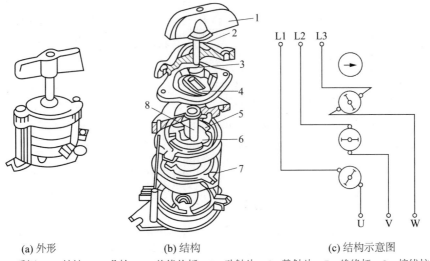

(a) 外形　　　　　　　(b) 结构　　　　　　(c) 结构示意图

1—手柄；2—转轴；3—凸轮；4—绝缘垫板；5—动触片；6—静触片；7—绝缘杆；8—接线柱。

图 2-4　HZ10-10／3 型转换开关

转换开关实际上是一种由多节触点组合而成的刀开关，与普通闸刀开关不同之处是转换开关用动触片代替闸刀，操作手柄在平行于安装面的平面内向左或向右转动。

HZ 系列转换开关的型号含义如图 2-5 所示。

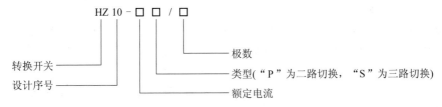

图 2-5　HZ 系列转换开关的型号含义

转换开关的主要参数有额定电压、额定电流、极数等，其额定电流有 10 A、25 A、60 A、100 A 等级别。常用的转换开关有 HZ10、HZ15 等系列。表 2-1 所示为 HZ10 系列转换开关的额定参数。

表 2-1　HZ10 系列转换开关的额定参数

型号	极数	额定电流/A	额定电压/V		380 V 时可控制的电动机功率/kW
HZ10-10	2,3	6,10	直流 220	交流 380	1
HZ10-25	2,3	25			3.3
HZ10-60	2,3	60			5.5
HZ10-100	2,3	100			—

转换开关的图形和文字符号如图 2-6 所示。

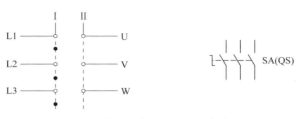

图 2-6　转换开关的图形和文字符号

图 2-6 中虚线表示操作位置，若在其相应触点下涂黑圆点，即表示该触点在此操作位置是接通的，没有涂黑圆点则表示断开状态。另一种方法是用通断状态表来表示，表中以"×"表示触点闭合，以"—"(或无记号)表示分断。

转换开关的特点是结构紧凑，体积较小。在机床电气控制系统中多用作电源开关，一般不用于带负载接通或断开电源，而是用于在启动前空载接通电源，或在应急、检修和长时间停用时空载断开电源。

转换开关应根据电源种类、电压等级、所需触点数和额定电流来选用。

三、万能转换开关

万能转换开关是一种多挡式、控制多回路的主令电器，广泛应用于各种配电装置的电源隔离、电路转换、电动机远距离控制等，也常作为电压表、电流表的换相开关。万能转换开关的外形及文字符号如图 2-7 所示。

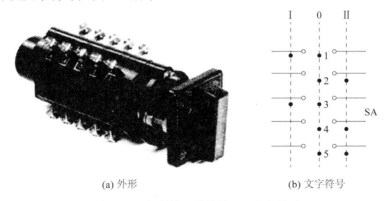

(a) 外形　　　　　　　　　　　　(b) 文字符号

图 2-7　万能转换开关的外形及文字符号

常用万能转换开关有 LW5 和 LW6 系列。LW5 系列万能转换开关的型号含义如图 2-8 所示。

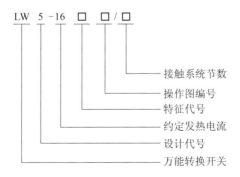

图 2-8　LW5 系列万能转换开关的型号含义

四、低压断路器

低压断路器

低压断路器又称自动空气开关，是将控制和保护功能合为一体的电器。在正常情况下，它可用于不频繁地接通和断开电路；在不正常工作时，可用来对主电路进行过载、短路和欠压、失压保护，自动断开电路。它既能手动操作又有自动功能。因此，低压断路器在数控机床上使用越来越广泛。

低压断路器种类繁多，按用途可分为保护电动机用、保护配电线路用、保护照明线路用；按结构可分为框架式和塑壳式；按极数可分为单极、双极、三极和四极。

低压断路器的功能相当于熔断器式开关与欠压继电器、热继电器等的组合，而且具有保护、动作后不需要更换元件，以及其动作电流可按需要整定、工作可靠、安装方便和分断能力较高等优点。

(一) 低压断路器的结构及工作原理

低压断路器主要由触点、操作机构、灭弧系统和脱扣器等组成。图 2-9 所示为低压断路器的结构。

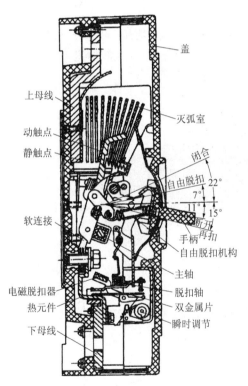

图 2-9   低压断路器的结构

低压断路器的主触点由操作机构手动或电动合闸。图 2-10 所示的低压断路器处于闭合状态，主触点串接在被保护的三相主电路中。当电路正常运行时，电磁脱扣器的电磁线圈虽然串接在电路中，但所产生的电磁吸力不能使衔铁动作，当电路发生短路故障时，电路中的电流达到了动作电流，则衔铁被迅速吸合，撞击杠杆，使锁扣脱扣，主触点在弹簧的作用下迅速分断，从而将主电路断开，起到短路保护作用。当电源电压正常时，欠电压脱扣器的电磁吸力大于弹簧的拉力，将衔铁吸合，主触点处于闭合状态；当电源电压下降到额定电压的40%～50%或以下时，并联在主电路的欠电压脱扣器的电磁吸力小于弹簧的拉力，衔铁释放，撞击杠杆，将锁扣顶开，从而使主触点在弹簧的拉力作用下分断，断开主电路，起到失压和欠压保护作用。当线路发生过载时，热脱扣器的热元件发热使双金属片弯曲，撞击杠杆，使锁扣脱扣，主触点在弹簧的拉力作用下分断，从而断开主电路，起到过载保护作用。

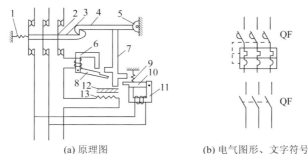

(a) 原理图　　　　　　　(b) 电气图形、文字符号

1、9—弹簧；2—主触点；3—锁扣；4—搭钩；5—轴；6—过电流脱扣器；
7—杠杆；8、10—衔铁；11—欠电压脱扣器；12—双金属片；13—热脱扣器。

图 2-10　低压断路器的原理图及电气图形、文字符号

(二) 漏电保护低压断路器

漏电保护低压断路器又称为漏电保护自动开关或漏电断路器。它在低压交流电路中主要用于配电、电动机过载、短路保护、漏电保护等。漏电保护自动开关有单极、两极、三极和四极之分。单极和两极用于照明电路，三极用于三相对称负荷线路，四极用于动力照明线路。

漏电保护自动开关主要由三部分组成：自动开关、零序电流互感器和漏电脱扣器。实际上，漏电保护自动开关就是在一般的自动空气开关的基础上，增加了零序电流互感器和漏电脱扣器来检测漏电情况。因此，当人身触电或设备漏电时能够迅速切断故障电路，避免人身和设备受到危害。

常用的漏电保护自动开关有电磁式和电子式两大类。电磁式漏电保护自动开关又分为电压型和电流型。电流型的漏电保护自动开关比电压型的性能较为优越，所以目前使用的大多数漏电保护自动开关为电流型的。电磁式电流型漏电保护自动开关的主要参数有额定电压、额定电流、极数、额定漏电动作电流、额定漏电不动作电流及漏电脱扣器动作时间等。根据其保护的线路又可分为三相和单相漏电保护自动开关。图 2-11 所示为电磁式电流型三相漏电保护自动开关的原理图。

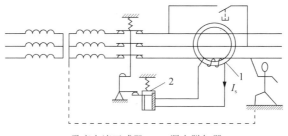

1—零序电流互感器；2—漏电脱扣器。

图 2-11　电磁式电流型三相漏电保护自动开关的原理图

电路中的三相电源线穿过零序电流互感器的环形铁芯，零序电流互感器是一个环形封闭铁芯，其初级线圈就是各相的主导线，次级线圈与漏电脱扣器相接，漏电脱扣器的衔铁被永久磁铁吸住，拉紧了释放弹簧。当电路正常时，三相电流的向量和为零，零序电流互感器的输出端无输出，漏电保护自动开关处于闭合状态。当有人触电或设备漏电时，漏电电流或触电电流从大地流回变压器的中性点。此时，三相电流的向量和不为零，零序电流互感器的输出端有感应电流 i_s 输出。当 i_s 足够大时，该感应电流使得漏电脱扣器产生的电磁吸力抵消掉永久磁铁所产生的对衔铁的电磁吸力，漏电脱扣器释放弹簧的反力就会将衔铁释放，漏电保护自动开关触点动作，切断电路使触电的人或漏电的设备与电源脱离，起到漏电保护的作用。

（三）低压断路器的选择

低压断路器的选择主要从以下几个方面考虑：

(1) 额定电压和额定电流应不小于电路的正常工作电压和工作电流。

(2) 各脱扣器的整定。

① 热脱扣器的整定电流应与所控制的电动机的额定电流或负载额定电流相等。

② 欠电压脱扣器的额定电压等于主电路的额定电压。

③ 过电流脱扣器的整定电流应大于负载正常工作时的尖峰电流，对于电动机负载，通常按启动电流的 1.7 倍整定。

（四）低压断路器的使用及维护

低压断路器的使用及维护应注意以下几点：

(1) 使用前，应将脱扣器电磁铁工作面的防锈油脂抹去，以免影响电磁机构的动作值。

(2) 断路器与熔断器配合使用时，熔断器应尽可能装于断路器之前，以保证使用安全。

(3) 断路器在分断短路电流后，应在切断上一级电源的情况下，及时检查触点。若发现有严重的电灼痕迹，可用干布擦拭；若发现触点烧毛，可用砂纸或细锉小心修整。

(4) 定期清除自动开关上的灰尘，保持绝缘良好。

(5) 灭弧室在分断短路电流或较长时期使用后，应及时清除其内壁和栅片上的金属颗粒和黑烟。

(6) 应定期检查各脱扣器的整定值。

五、接触器

接触器是一种适用于远距离频繁地接通和断开主电路及大容量控制电路的电器。其具有低电压释放保护、控制容量大、能远距离控制等优点，在自动

接触器

控制系统中应用非常广泛，但也存在噪声大、寿命短等缺点。接触器能接通和断开负载电流，但不可以切断短路电流，因此常与熔断器、热继电器等配合使用。

接触器种类较多，按其主触点通过电流的性质不同，可分为交流接触器和直流接触器。两类接触器都是利用电磁吸力和弹簧的反作用力使触点闭合或断开的，但在结构上有各自的特殊之处，不能混用。

按其主触点的极数(即主触点的个数)来分，则直流接触器有单极和双极 2 种，交流接触器有三极、四极和五极 3 种。数控机床控制上以交流接触器应用最广泛。

（一）交流接触器

1. 交流接触器的结构

交流接触器常用于远距离接通和分断交流频率为 50 Hz(或 60 Hz)、额定电压至 660 V、电流为 10～630 A 的交流电路及交流电动机。

交流接触器主要由触点系统、电磁机构和灭弧装置等部分组成，如图 2-12 所示。

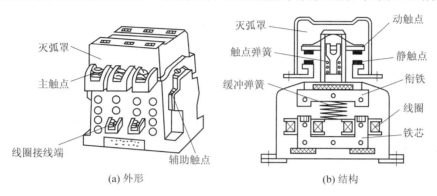

图 2-12　交流接触器

(1) 触点系统。

接触器的触点用来接通和断开电路。触点分为主触点和辅助触点 2 种。主触点用来通断电流较大的主电路，一般由接触面较大的常开触点(指当接触器线圈未通电时处于断开状态的触点)组成；辅助触点用来通断电流较小的控制电路，由常开触点和常闭触点(指当接触器线圈未通电时处于接通状态的触点)成对组成。

(2) 电磁机构。

电磁机构的作用是用来操纵触点的闭合和断开。它由铁芯、线圈和衔铁组成。

(3) 灭弧装置。

交流接触器的触点在分断大电流时，通常会在动、静触点之间产生很强的电弧。电弧的产生，一方面会烧伤触点；另一方面会使电路的切断时间延长，甚至会引起其他事故。因此，灭弧是接触器必须要采取的措施。

(4) 其他部分。

交流接触器还包括底座、缓冲弹簧、触点压力弹簧、传动机构和接线柱等。

2. 交流接触器的工作原理及表示符号

当线圈通入交流电后，线圈电流产生磁场，使铁芯产生电磁吸力，使衔铁带动动触点向下运动，使常闭触点断开，常开触点闭合。当线圈断电时，电磁吸力消失，衔铁在反力弹簧的作用下，回到原始位置使触点复位。接触器的电气图形、文字符号如图 2-13 所示。

图 2-13　接触器的电气图形、文字符号

3. 交流接触器的型号

交流接触器的型号含义如图 2-14 所示。

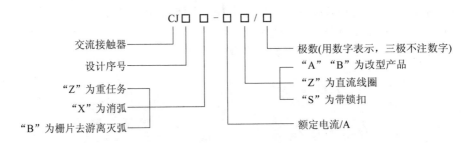

图 2-14　交流接触器的型号含义

常用的交流接触器有 CJ10、CJ12、CJ10X、CJ20、CJX、3TB、3TF、LC-D15 等系列。

(二) 接触器的选择

选择接触器时主要考虑主触点的额定电压与额定电流、辅助触点的数量与种类、吸引线圈的电压等级、操作频率等。

(1) 根据接触器所控制负载的工作任务(轻任务、一般任务或重任务)来选择相应使用类别的接触器。

(2) 交流接触器的额定电压(指主触点的额定电压)一般为 500 V 或 380 V 两种，应大于或等于负载电路的电压。

(3) 根据电动机(或其他负载)的功率和操作情况来确定接触器主触点的电流等级。

(4) 接触器线圈的电流种类(交流和直流两种)和电压等级应与控制电路相同。交流接触器线圈电压一般为 36 V、110 V、127 V、220 V、380 V 等几种。

(5) 触点数量和种类应满足主电路和控制电路的要求。

(三) 接触器的使用及维护

1. 接触器的使用

(1) 新近购置或搁置已久的接触器，要把铁芯上的防锈油擦干净，以免油污的黏性影响接触器的释放，铁锈也要去除干净。

(2) 检查接触器铭牌与线圈的技术数据是否符合控制线路的要求。接触器的额定电压、主触点的额定电流、线圈的额定电压及操作频率等均要符合产品说明书或线路上的要求。

(3) 检查接触器的外观，应无机械损伤。各活动部分要动作灵活，无卡滞现象。

(4) 安装孔的螺钉应装有弹簧垫圈和平垫圈，并拧紧螺钉以防松脱或振动。不要有零件落入电器内部。

(5) 一般应安装在垂直的平面上，倾斜度不超过 5°，要留有适当的飞弧空间，以免烧坏相邻电器。

2. 接触器的维护

(1) 定期检查接触器的元件，观察螺钉有没有松动，可动部分是不是灵活，对有故障的元件应及时处理。

(2) 灭弧罩往往较脆，拆装时应注意不要碰碎。接触器运行中，不允许将灭弧罩去掉，防止发生电流短路。

(3) 当触点表面因电弧烧蚀有金属颗粒时，应及时清除；但银触点表面的黑色氧化银的导电能力很好，不要锉去，锉掉反而会缩短触点的寿命。当触点磨损到只剩 1/3 时，应更换。

六、继电器

继电器是一种根据电量参数(电压、电流)或非电量参数(时间、温度、压力等)的变化自动接通或断开控制电路，以完成控制或保护任务的电器。其主要用于控制自动化装置、线路保护或信号切换，是现代机床自动控制系统中最基础的电气元件之一。

虽然继电器与接触器都是用来自动接通或断开电路的，但是它们仍有很多不同之处。继电器可以对各种电量或非电量的变化做出反应，而接触器只有在一定的电压信号下才动作；继电器用于切换小电流的控制电路，而接触器则用来控制大电流电路，因此继电器触点容量较小(不大于 5 A)。因为触点通过的电流较小，所以继电器没有灭弧装置。

继电器的种类和形式很多。按用途可分为控制继电器和保护继电器；按动作原理可分为电磁式继电器、感应式继电器、热继电器、机械式继电器、电动式继电器和电子式继电器等；按感测的参数可分为电流继电器、电压继电器、时间继电器、速度继电器和压力继电器等；按动作时间可分为瞬时继电器和延时继电器。

继电器一般由感测机构、中间机构和执行机构 3 个基本部分组成。感测机构把感测的电量或非电量传递给中间机构，将它与整定值进行比较，当达到整定值时，中间机构便使执行机构动作，从而接通或断开电路。如果减少输入信号，则继电器只在输入减少到一定程度时才动作，返回起始位置，输出信号回零，这一特性称为继电特性。

(一) 电磁式继电器

电磁式继电器是电气控制设备中用得最多的一种继电器。其主要结构和工作原理与接触器相似。图 2-15 所示为电磁式继电器的典型结构。

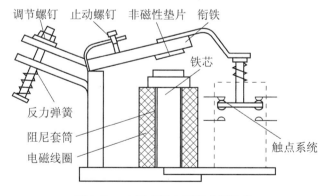

图 2-15 电磁式继电器的典型结构

电磁式继电器又分为电磁式电流继电器、电磁式电压继电器和中间继电器。电磁式继电器的一般图形符号是相同的。中间继电器的文字符号为 KA。电流继电器的文字符号为 KI，线圈方格中用 "$i>$"(或 "$i<$")表示过电流(或欠电流)继电器。电压继电器的文字符号为 KV，线圈方格中用 "$U<$"(或 "$U=0$""$U>$")表示欠电压(或零电压、过电压)继电器。

1. 电磁式电流继电器

电磁式电流继电器的线圈与负载串联，用于反映负载电流，故线圈匝数少，导线粗，阻抗小。电磁式电流继电器既可按"电流"参量来控制电动机的运行，又可对电动机进行欠电流或过电流保护。

对于欠电流继电器，在电路正常工作时，衔铁是吸合的，只有当线圈电流降低到某一整定值时，继电器才释放，这种继电器常用于直流电动机和电磁吸盘的失磁保护；而过电流继电器在电路正常工作时不动作，当电流超过其整定值时才动作，整定范围通常为1.1～4倍额定电流，这种继电器常用于电动机的短路保护和严重过载保护。

常用的电磁式电流继电器有JL14、JL5、JT9等型号，主要根据主电路内的电流种类和额定电流来选择。

2. 电磁式电压继电器

电磁式电压继电器的线圈与负载并联，以反映电压变化，故线圈匝数多，导线细，阻抗大。按动作电压值的不同，电磁式电压继电器可分为过电压继电器和欠电压(或零电压)继电器。

一般来说，过电压继电器在电压为额定电压的110%以上时动作，对电路进行过电压保护；欠电压继电器在电压为额定电压的40%～70%时动作，对电路进行欠电压保护；零电压继电器在电压降至额定电压的5%～25%时动作，对电路进行零电压保护。机床电气控制中，常用的电磁式电压继电器有JT3、JT4等型号。

3. 中间继电器

中间继电器实质上是电压继电器的一种，但它还具有触点数多(多至六对或更多)、触点电流容量较大(额定电流5 A左右)、动作灵敏(动作时间不大于0.05 s)等特点。其主要用途是当其他电器的触点数量或触点容量不够时，可借助中间继电器来增加它们的触点数量或触点容量，起到中间信号转换的作用。中间继电器的符号和结构如图2-16所示。

中间继电器

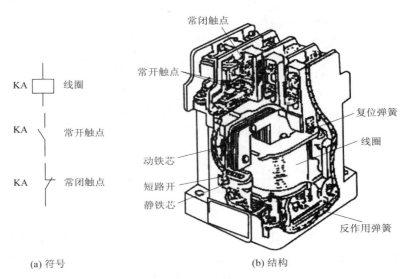

(a) 符号   (b) 结构

图2-16 中间继电器的符号和结构

常用的中间继电器有 JZ7、JZ8 等系列。JZ7 系列中间继电器适用于交流电压 380 V、电流 5 A 以下的控制电路，其技术数据如表 2-2 所示。

表 2-2　JZ7 系列中间继电器技术参数

型号	触点额定电压/V	触点额定电流/A	触点数量		吸引线圈额定电压/V
			常开	常闭	
JZ7-44			4	4	
JZ7-62	380	5	6	2	12，36，110，127，220，380
JZ7-80			8	0	

中间继电器主要依据被控制电路的电压等级、触点的数量、种类及容量来选用。

(1) 线圈电源形式和电压等级应与控制电路一致。如数控机床的控制电路采用直流 24 V 供电，则应选择线圈额定工作电压为 24 V 的直流继电器。

(2) 按控制电路的要求选择触点的类型(常开或常闭)和数量。

(3) 继电器的触点额定电压应大于或等于被控制电路的电压。

(4) 继电器的触点电流应大于或等于被控制电路的额定电流。

(二) 时间继电器

时间继电器

时间继电器是一种能使感受部分在感受信号(线圈通电或断电)后，自动延时输出信号(触点闭合或分断)的继电器。时间继电器获得延时的方法是多种多样的，按其工作原理可分为电磁式、空气阻尼式、电动式和电子式等。其中，空气阻尼式时间继电器在机床控制线路中应用最广泛。

数控机床中一般由计算机软件实现时间控制，而不采用继电器方式。

图 2-17 所示为通电延时型时间继电器的结构。

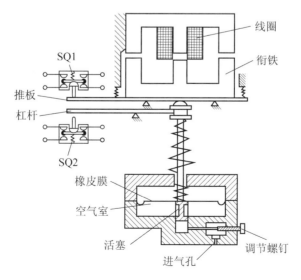

图 2-17　通电延时型时间继电器的结构

时间继电器的电气符号如图 2-18 所示。

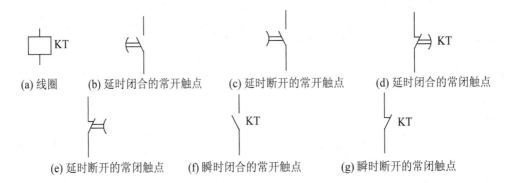

(a) 线圈　(b) 延时闭合的常开触点　(c) 延时断开的常开触点　(d) 延时闭合的常闭触点

(e) 延时断开的常闭触点　(f) 瞬时闭合的常开触点　(g) 瞬时断开的常闭触点

图 2-18　时间继电器的电气符号

时间继电器形式多样，各具特点，选择时应从以下几个方面考虑：

(1) 根据控制电路对延时触点的要求选择延时方式，即通电延时型或断电延时型。

(2) 根据延时范围和精度要求选择时间继电器的类型。

(3) 根据使用场合、工作环境选择时间继电器的类型。例如，电源电压波动大的场合可选用空气阻尼式或电动式时间继电器，电源频率不稳定场合不宜选用电动式时间继电器，环境温度变化大的场合不宜选用空气阻尼式和电子式时间继电器。

(三) 速度继电器

速度继电器是当转速达到规定值时动作的继电器。它常用于电动机反接制动的控制电路中，当反接制动的转速下降到接近零时，它能自动地及时切断电源。

速度继电器由定子、转子和触点 3 部分组成，其结构及电气符号如图 2-19 所示。

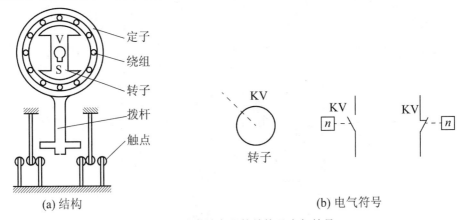

(a) 结构　(b) 电气符号

图 2-19　速度继电器的结构及电气符号

速度继电器的工作原理是：套有永磁转子的转轴与被控电动机的轴相连，用以接收转速信号，当速度继电器的转轴由电动机带动旋转时，永磁转子磁通切割圆环内的笼型绕组，笼型绕组感应出电流，该电流与磁场作用产生电磁转矩，在此转矩的推动下，圆环带动拨杆克服弹簧力顺着电动机旋转方向偏转一定的角度，并拨动触点改变其通、断状态。调节弹簧松紧可调节速度继电器的触点在电动机不同转速时切换。

（四）继电器的使用及维护

(1) 在更换小型继电器时，不要损坏有机玻璃外罩，使触点离开原始位置。焊接接线底座时最好用松香等中性焊剂，以防止产生腐蚀或短路。

(2) 定期检查继电器各个零部件。要求可动部分灵活可动，紧固件无松动，损坏的零部件应及时更换或修理。

(3) 在使用中，应定期去除污垢和尘埃。如果继电器的金属触点出现锈斑，则可用棉布蘸上汽油轻轻擦拭，不要用砂纸打磨。

(4) 各继电器整定值的确定应该和现场的实际工作情况相适应，并通过对整定值的微调来实现。

(5) 在实际使用中，继电器每年要通电校验一次。在设备经历过很大短路电流后，应注意检查各元件和金属触点有没有明显变形。若已明显变形，则应通电进行校验。

七、主令电器

主令电器是用来接通和断开控制电路以发布命令或信号来改变控制系统工作状态的电器，它广泛应用于各种控制线路中。主令电器的种类繁多，常见的主令电器有控制按钮和行程开关等。

（一）控制按钮

控制按钮是一种结构简单、使用广泛的手动主令电器，在控制电路中发出手动指令远距离控制其他电器，再由其他电器去控制主电路或转移各种信号，也可以直接用来转换信号电路和电器联锁电路等。它适用于交流电压为 500 V 或直流电压为 400 V、电流不大于 5 A 的电路中。

控制按钮和组合开关

控制按钮一般由按钮、恢复弹簧、桥式动触点、静触点和外壳等组成。控制按钮的结构如图 2-20 所示。常态(未受外力)时，在恢复弹簧作用下，静触点 1、2 与桥式动触点闭合，该触点习惯上称为常闭(动断)触点；静触点 3、4 与桥式动触点分断，该触点习惯上称为常开(动合)触点。当按下按钮时，桥式动触点先和静触点 1、2 分断，然后和静触点 3、4 闭合。

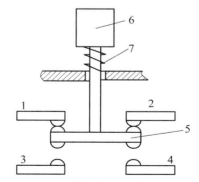

1、2、3、4—静触点；5—桥式动触点；
6—按钮；7—恢复弹簧。

图 2-20　控制按钮的结构

控制按钮的主要技术要求包括规格、结构形式、触点对数和按钮颜色。常用的规格为交流额定电压 500 V、额定电流 5 A。不同的场合可以选用不同的结构形式，一般有以下几种：紧急式——装有突出的蘑菇形按钮帽，以便紧急操作；旋钮式——用手旋转进行操作；指示灯式——在透明的按钮内装有信号灯，以便信号显示；钥匙式——为使用安全起见，用钥匙插入方可旋转操作。为便于识别各个按钮的作用，避免误操作，通常将按钮帽做成不同颜色以示区别，其颜色有红、绿、黄、蓝、白等。例如，红色表示停止按钮，绿色表示启动按钮等。控制按钮的图形符号和文字符号如图 2-21 所示。

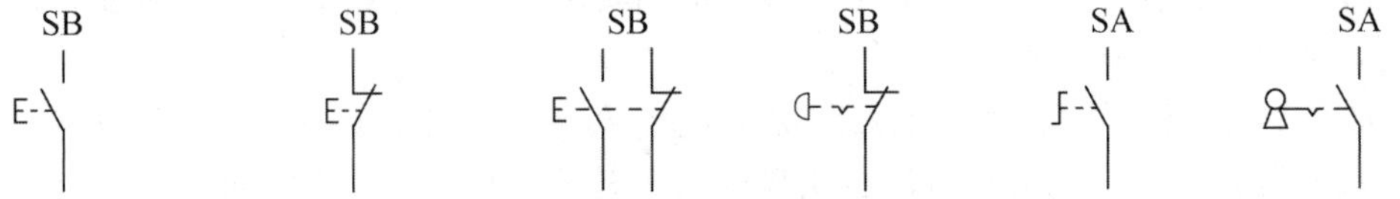

| (a) 一般式常开触点 | (b) 一般式常闭触点 | (c) 复合式 | (d) 急停式 | (e) 旋钮式 | (f) 钥匙式 |

图 2-21　按钮的图形符号和文字符号

常用的控制按钮型号有 LA2、LA10、LA18、LA19、LA20、LA25 等系列。其中，LA25 是全国统一设计的新型号，而且 LA25 和 LA18 系列是组合式结构，其触点数 e_t 可按需要拼装。LA19、LA20 系列有带指示灯和不带指示灯两种。

控制按钮的选择主要根据使用场合、触点数和颜色等来确定。更换按钮时应注意："停止"按钮必须是红色的，"急停"按钮必须用红色蘑菇形钮帽按钮，"启动"按钮必须是绿色的。按钮必须有金属的防护挡圈，且挡圈必须高于按钮帽，这样可以防止意外触动按钮帽时产生误动作。安装按钮的按钮板和按钮盒必须是金属的，并与总接地线相连，悬挂式按钮应有专用接地线。

（二）行程开关

行程开关又称为限位开关，是一种利用生产机械的某些运动部件的碰撞来发出控制指令的电器，用于生产机械的运动方向、行程的控制和位置保护。

常用的行程开关型号有 LX19、LX31、LX32、LX33 及 JLXK1 等系列。行程开关的电气符号如图 2-22 所示。

行程开关

| (a) 常开触点 | (b) 常闭触点 |

图 2-22　行程开关的电气符号

行程开关的种类很多，有直动式、单轮滚动式、双轮滚动式、微动式等。图 2-23 中分别为微动式和直动式行程开关的结构示意图。行程开关的动作原理与按钮类似，不同之处是行程开关用运动部件上的撞块来碰撞其推杆，使行程开关的触点动作。

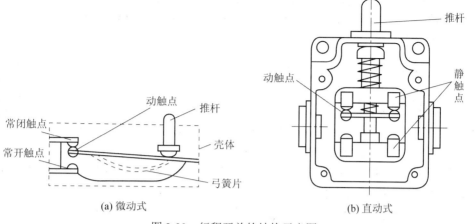

图 2-23　行程开关的结构示意图

在使用中，有些行程开关经常动作，所以安装的螺钉容易松动而造成控制失灵。有时由于灰尘或油类进入而引起动作不灵活，甚至接不通电路。因此，应对行程开关进行定期检查，除去油垢及粉尘，清理触点，经常检查动作是否可靠，及时排除故障。

(三) 接近开关

接近开关又称无触点行程开关，它除可以完成行程控制和限位保护外，还是一种非接触型的检测装置，常常用来检测零件的尺寸或测速等，也可用于变频计数器、变频脉冲发生器、液面控制和加工程序的自动衔接等。接近开关可以克服有触点限位开关可靠性较差、使用寿命短和操作频率低的缺点。

常用的接近开关有电感式和电容式。

电感式接近开关由一个高频振荡器和一个整形放大器组成。电感式接近开关的工作原理如图 2-24 所示。振荡器振荡后，在开关的检测面产生交变磁场。当金属体接近检测面时，金属体产生涡流，吸收了振荡器的能量，使振荡减弱以致停振。"振荡"和"停振"这两种状态由整形放大器转换成"高"和"低"两种不同的电平，从而起到"开"和"关"的控制作用。目前，常用的电感式接近开关有 LJ11、LJ2 等系列。

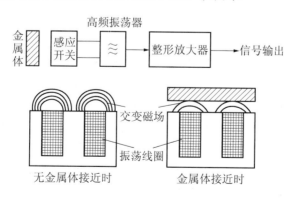

图 2-24　电感式接近开关的工作原理

电容式接近开关的感应头只是一个圆形平板电极，既能检测金属，又能检测非金属及液体，因而应用十分广泛，常用的有 LXJ15 系列和 TC 系列。

接近开关的选用主要从以下几个方面考虑：

(1) 因价格高，仅用于工作频率高、可靠性及精度要求均较高的场合。

(2) 按动作距离要求选择型号、规格。

八、熔断器

熔断器

(一) 熔断器的结构和原理

低压熔断器是低压线路及电动机控制电路中起短路保护作用的电器。它由熔体(俗称保险丝)和安装熔体的绝缘底座或绝缘管等组成。熔体呈片状或丝状，用易熔金属材料如锡、铅、铜、银及其合金制成，熔体的熔点一般为200～300℃。熔断器使用时串接在要保护的电路上，当正常工作时，熔体相当于导体，允许通过一定的电流，熔体的发热温度低于熔化温度，因此长期不熔断；而当电路发生短路或严重过载故障时，流过熔体的电流大于允许的正常发热的电流，使得熔体的温度不断上升，最终超过熔体的熔化温度而熔断，从而切断电路，保护了电路及设备。

熔断器的类型分为瓷插(插入)式、螺旋式和封闭管式。机床电气线路中常用 RL1 系列螺旋式熔断器、RC1 系列瓷插式熔断器和 R、RTl8 系列封闭管式熔断器等，如图 2-25 所示。熔断器的电气符号如图 2-26 所示。

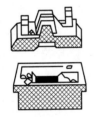
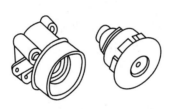
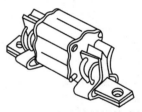

(a) RC1 系列瓷插式熔断器   (b) RL1 系列螺旋式熔断器   (c) RT0 系列有填料封闭管式熔断器

图 2-25   几种常见的熔断器

FU

图 2-26   熔断器的电气符号

上述几种熔断器的熔体一旦熔断，需要更换以后才能重新接通电路。现在有一种新型熔断器——自复式熔断器，它用金属钠制成熔丝，在常温下具有高电导率，即钠的电阻很小；当电路发生短路时，短路电流产生高温，使钠汽化，而气态钠的电阻很大，从而限制了短路电流。当短路电流消失后，温度下降，气态钠又变成固态钠，恢复原有的良好的导电性。自复式熔断器的优点是不必更换熔断器，可重复使用。但它只能限制故障电流，不能分断故障电路，因而常与断路器串联使用，提高分断能力。常用的型号有 RZ1 系列。

熔断器的主要技术参数有额定电压、熔体额定电流、支持件额定电流、极限分断能力等。熔断器各型号含义如图 2-27 所示。

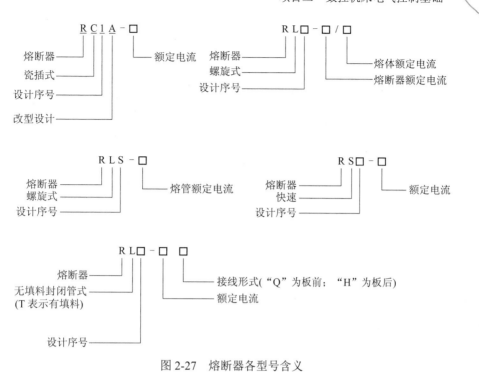

图 2-27　熔断器各型号含义

(二) 熔断器的使用及维护

(1) 应正确选用熔体和熔断器。有分支电路时，分支电路的熔体额定电流应比前一级小 2～3 级。对不同性质的负载，如照明电路、电动机电路的主电路和控制电路等，应尽量分别保护，装设单独的熔断器。

(2) 必须在电源断开后，才能更换熔体或熔管，以防止触电；尤其不允许在负荷未断开时带电换熔丝，以免发生电弧烧伤。

(3) 熔体烧断后，应在查明原因，排除故障后，才可更换。更换新的熔体规格要与原来的熔体一致。不要随意加大熔体，更不允许用金属导线代替熔断器接入电路。

(4) 对于带有熔断指示器的熔断器，应该经常注意检查指示器的情况。若发现熔体已经烧断，应及时更换。

九、热继电器

电动机在实际运行中，短时过载是允许的，但如果长期过载或断相运行，虽然熔断器不会熔断，但这会引起电动机过热，损坏绕组的绝缘，缩短电动机的使用寿命，严重时甚至烧坏电动机。因此必须采取过载保护措施。最常用的是利用热继电器进行过载保护。

热继电器

(一) 热继电器的结构和原理

热继电器是一种利用电流的热效应原理进行工作的保护电器。热继电器的种类很多，其中双金属片式因结构简单、体积较小、成本较低，同时选择适当的热元件可以得到良好的反时限特性，即电流越大越容易动作，所以其应用最广泛。图 2-28 所示为热继电器的结构示意图。

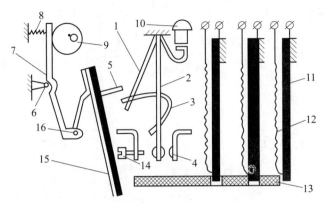

1、2—片簧；3—弓簧；4—触点；5—推杆；6—固定转轴；7—杠杆；
8—压簧；9—凸轮；10—手动复位按钮；11—双金属片；12—驱动元件；
13—导板；14—调节螺钉；15—补偿金属片；16—轴。

图 2-28　热继电器的结构示意图

驱动元件串接在电动机定子绕组中，绕组电流即为流过驱动元件的电流。当电动机正常工作时，驱动元件产生的热量虽能使双金属片弯曲，但不足以使其触点动作。当过载时，流过驱动元件的电流增大，其产生的热量增加，使双金属片产生的弯曲位移增大，从而推动导板，带动温度补偿双金属片和与之相连的动作机构使热继电器触点动作，切断电动机控制电路。由片簧 1、2 及弓簧构成一组跳跃机构；凸轮可用来调节动作电流；补偿双金属片则用于补偿周围环境温度变化的影响，当周围环境温度变化时，主双金属片和与之采用相同材料制成的补偿双金属片会产生同一方向的弯曲，可使导板与补偿双金属片之间的推动距离保持不变。此外，热继电器可通过调节螺钉选择自动复位或手动复位。

热继电器的电气符号如图 2-29 所示。

三相主触点　　　单相主触点　　　常闭辅助触点

图 2-29　热继电器的电气符号

热继电器型号的含义如图 2-30 所示。

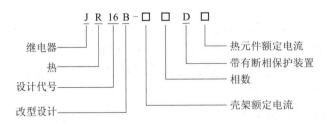

继电器
热
设计代号
改型设计
壳架额定电流
相数
带有断相保护装置
热元件额定电流

图 2-30　热继电器型号的含义

常用的热继电器有 JR0、JR14、JR15、JR16、JR16B、JR20 等系列。JR20 是更新换代产品，引进产品有 T 系列、3UA 系列等。

(二) 热继电器的使用

(1) 一般情况下可选用两相结构的热继电器。对于工作在环境较差、供电电压不稳等条件下的电动机，宜选用三相结构的热继电器。定子绕组采用三角形接法的电动机，应采用有断相保护装置的热继电器。

(2) 热元件的额定电流等级一般略大于电动机的额定电流。

(3) 热元件受热变形需要时间，故热继电器不能用作短路保护。

十、控制变压器

变压器是一种将某一数值的交流电压变换成频率相同但数值不同的交流电压的静止电器。

单相、三相变压器的电气符号如图 2-31 所示。

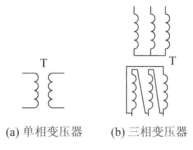

(a) 单相变压器　　(b) 三相变压器

图 2-31　单相、三相变压器的电气符号

变压器的类型如下：

(1) 机床控制变压器。机床控制变压器适用于频率 50～60 Hz，输入电压不超过交流 660 V 的电路，常作为各类机床、机械设备中一般电器的控制电源、局部照明及指示灯的电源。

(2) 三相变压器。在三相交流系统中，三相电压的变换可用一台三相变压器来实现。在数控机床中，三相变压器主要是给伺服驱动系统供电。

十一、直流稳压电源

直流稳压电源的功能是将非稳定交流电源变成稳定直流电源。

在数控机床电气控制系统中，需要直流稳压电源给驱动器、控制单元、直流继电器及信号指示灯等提供直流电源。在数控机床中主要使用开关电源。

图 2-32 所示为开关电源的电气符号。

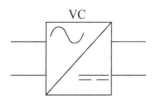

图 2-32　开关电源的电气符号

选择开关电源时，需要考虑电源的输出电压路数、电源的尺寸及环境条件等因素。

十二、导线和电缆

数控机床上主要使用三种类型的导线：动力线、控制线、信号线，相对应有三种类型的电缆。导线的选择应考虑到工作条件和环境影响，它的横截面积、材质、绝缘材料等都是设计时要考虑的，可以参考相关技术手册。常用的绝缘电线型号、名称和用途如表 2-3 所示。

表 2-3　常用的绝缘电线型号、名称和用途

型　号	名　称	用　途
BLXF	铝芯氯丁橡胶线	适用于交流额定电压 500 V 以下或直流 1000 V 以下的电气设备及照明装置
BXF	铜芯氯丁橡胶线	
BLX	铝芯橡胶线	
BX	铜芯橡胶线	
BXR	铜芯橡胶软线	
BV	铜芯聚氯乙烯绝缘电线	适用于各种交流、直流电器装置，电工仪器、仪表，电信设备，动力及照明线路固定敷设
BLV	铝芯聚氯乙烯绝缘电线	
BVR	铜芯聚氯乙烯绝缘软电线	
BVV	铜芯聚氯乙烯绝缘聚氯乙烯护套圆型电线	
BLVV	铝芯聚氯乙烯绝缘聚氯乙烯护套电线	
BVVB	铜芯聚氯乙烯绝缘聚氯乙烯护套平型电线	
BLVVB	铝芯聚氯乙烯绝缘聚氯乙烯护套平型电线	
VB-105	铜芯耐热 105℃聚氯乙烯绝缘电线	
RV	铜芯聚氯乙烯绝缘软线	适用于各种交流、直流电器，电工仪器，家用电器，小型电动工具,动力及照明装置的连接
RVB	铜芯聚氯乙烯绝缘平型软线	
RVS	铜芯聚氯乙烯绝缘绞型软线	
RVV	铜芯聚氯乙烯绝缘聚氯乙烯护套圆型连接软电线	
RVVB	铜芯聚氯乙烯绝缘聚氯乙烯护套平型连接软电线	
RV-105	铜芯耐热 105℃聚氯乙烯绝缘连接软电线	
RFB	复合物绝缘平型软线	适用于交流额定电压 250 V 以下或直流 500 V 以下的各种移动电器、无线电设备和照明灯座接线
RFS	复合物绝缘绞型软线	
RXS	橡胶绝缘棉纱编织软电线	适用于交流额定电压 300 V 以下的电器、仪表、家用电器及照明装置
RX		

习 题

1. 安装使用刀开关时应注意哪几个方面？
2. 画出时间继电器的图形符号。
3. 两个 110 V 交流接触器同时动作时，能否将其两个线圈串联到 220 V 电路上？
4. 接触器的作用是什么？分为哪几种？
5. 说明热继电器和熔断器保护功能的不同之处。
6. 中间继电器与接触器有何异同？
7. 按钮的颜色应符合哪些要求？
8. 控制变压器和伺服变压器有什么区别？

项目三

绘制机床电气控制线路图

项目体系图

项目三 绘制机床电气控制线路图 — 任务一 机床电气控制线路图的画法
— 任务二 电气原理图的识图方法
— 任务三 组成电气控制线路的基本环节

项目描述

　　数控机床电气控制系统是由许多电气元件按照一定要求连接而成的，实现对机床的电气自动控制。本项目在熟悉各种电气元件的基础上，介绍数控机床电气原理图的画法及规则，分析一些常用典型机床的控制电路，从而进一步掌握控制线路的组成、典型环节的应用及分析控制线路的方法，从中找出规律，逐步提高阅读图纸的能力，为独立设计电气控制线路图打下基础；并在其出现故障的时候能够正确判断是电气故障还是机械故障，熟悉机电部分配合情况，实现迅速且准确地排除电气故障。

知识目标

　　掌握电气控制线路图的画法；掌握电气原理图的作用、组成和绘制原则；了解电气安装图的作用；了解电气接线图的作用。

能力目标

　　根据现有的电气原理图，指出图区的划分，掌握绘制原则。

教学重点

主电路和辅助电路的区别；电气原理图的绘制原则；电气原理图的电气常态位置。

教学难点

电气原理图的绘制原则。

任务一　机床电气控制线路图的画法

绘制机床电气控制线路图

图 3-1 和图 3-2 中呈现的是电器柜和电气箱内的电器布置方式，各种低压电器和各种元器件密密麻麻，很难通过直接观察的方式了解它们的连接方式，这时就需要通过电气控制线路图来解决这个问题。

图 3-1　某电器柜中电器布置

图 3-2　某电气箱中电器布置

　　电气控制线路图是根据国家电气制图标准，用规定的电气符号、图线来表示系统中各电气设备、装置、元器件的连接关系的电气工程图。

　　常用机械设备的电气控制线路图一般有电气原理图、电气安装图和电气接线图。

一、电气原理图

　　电气原理图是根据生产机械运动形式对电气控制系统提出的要求，采用国家标准规定的电气图形符号和文字符号，按照电气设备和电器的工作顺序，详细表示电路、设备或成套装置的全部基本组成和连接关系，而不考虑实际位置的一种简图。电气原理图是在设计部门和生产现场广泛应用的电路图。识读和掌握这些线路图非常必要。

　　图 3-3 所示为某机床电气控制系统的电气原理图。

　　从图 3-3 所示可以看到之前介绍的若干种低压电器，如低压断路器、熔断器、接触器、热继电器、中间继电器、变压器、控制按钮、行程开关等，还包括电动机、照明灯等。电气原理图可以很清晰地表示各低压电器之间的连接方式，便于大家识图。

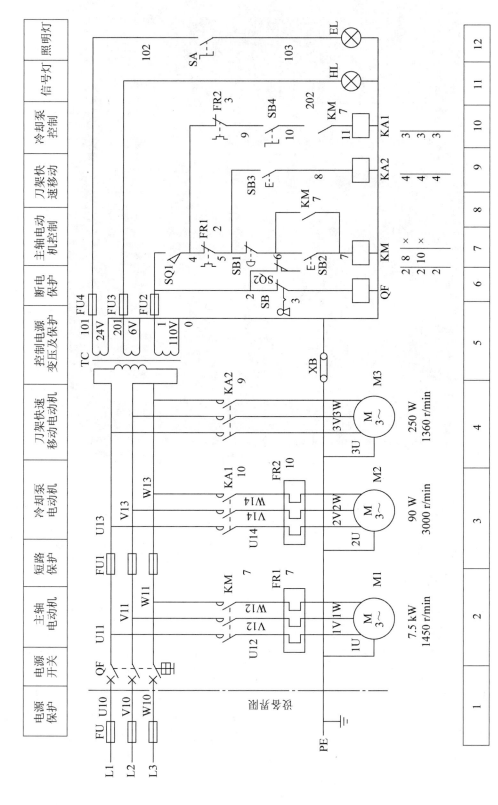

图 3-3 某机床电气控制系统的电气原理图

1. 主电路和辅助电路

按电路的功能来划分，控制线路可分为主电路和辅助电路，如图 3-4 所示。一般把交流电源和起拖动作用的电动机之间的电路称为主电路，它由电源开关、熔断器、接触器的主触点、热继电器的热元件、电动机及其他按要求配置的启动电器等电气元件连接而成。主电路一般通过的电流较大，其结构形式和所使用的电气元件大同小异。除了主电路以外的电路称为辅助电路，即常说的控制回路，其主要作用是通过主电路对电动机实施一系列预定的控制。辅助电路的结构和组成元件随控制要求的不同而变化，辅助电路中通过的电流一般较小(在 5 A 以下)。一般主电路用粗实线表示，画在左边(或上部)；辅助电路用细实线表示，画在右边(或下部)。

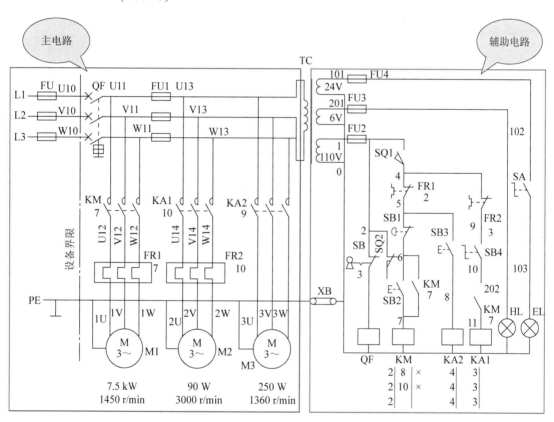

图 3-4　主电路和辅助电路

2. 对图形符号、文字符号的规定

电气控制线路图涉及大量的元器件，为了表达电气控制系统的设计意图，便于分析系统工作原理，安装、调试和检修控制系统，以及便于交流与沟通，我国参照国际电工委员会(IEC)颁布的有关文件，制定了电气设备有关国家标准，颁布了 GB/T 4728.1～13《电气简图用图形符号》和 GB/T 20939—2007《技术产品及技术产品文件结构原则 字母代码 按项目用途和任务划分的主类和子类》系列标准，规定从 2009 年 1 月 1 日起，电气图中的图形符号和文字符号必须符合最新的国家标准。本书电气元件的文字符号和图形符号全部符合最新的国家标准。

3. 电气原理图的绘制原则

(1) 电气原理图中的电路可水平或垂直布置。水平布置时，电源线垂直画，其他电路水平画，控制电路中的耗能元件(如线圈、电磁铁、信号灯等)画在电路的最右端。垂直布置时，电源线水平画，其他电路垂直画，控制电路中的耗能元件画在电路的最下端。电气原理图布置原则如图 3-5 所示。

电气原理图的
绘制原则

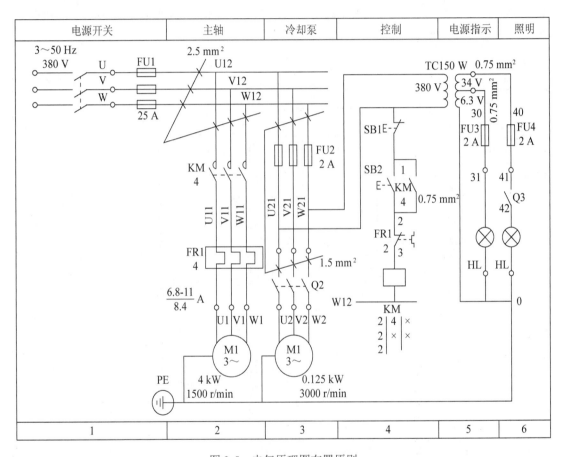

图 3-5　电气原理图布置原则

(2) 一般将主电路和辅助电路分开绘制。一般来说，左边为主电路，右边为辅助电路。主电路和辅助电路之间是有明显界限的。为了识图人员查看方便，主电路的部分或辅助电路的部分不可以进入对方的区域。

(3) 在电气原理图中，各电气元件不画实际的外形图，而采用国家规定的统一标准图形符号来画，文字符号也要符合最新国家标准。属于同一电器的线圈和触点，都要用同一文字符号表示。当使用相同类型的电器时，可在文字符号后加注阿拉伯数字序号来区分。电气原理图加注数字序号原则如图 3-6 所示。

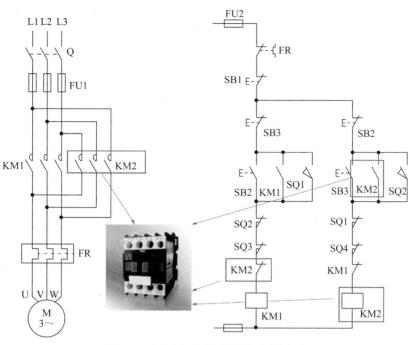

图 3-6 电气原理图加注数字序号原则

(4) 在电气原理图上可将图分成若干图区，以便阅读查找。在其下方沿横坐标方向划分图区并用数字标明；同时在图的上方沿横坐标方向划区，分别标明该区电路的功能和作用。电气原理图图区划分原则如图 3-7 所示。

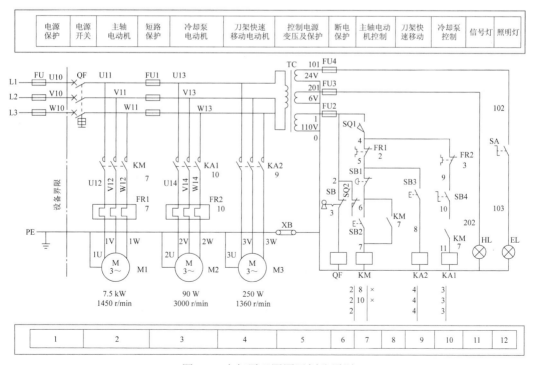

图 3-7 电气原理图图区划分原则

(5) 在电气原理图中，接触器和继电器线圈与触点的从属关系应用附图表示。

接触器触头位置的索引：在每个接触器线圈的文字符号下方画两条竖线，分成左、中、右三栏，把主触头所在的图区号标在左边，辅助常开触头所在的图区号标在中间，辅助常闭触头所在的图区号标在右边，对备而未用的触头，在相应的栏中用"×"示出或不进行标注。

继电器触点位置的索引：在每个继电器线圈的文字符号下方画一条竖线，分成左、右两栏，常开触头所在的图区号标在左边，常闭触点所在的图区号标在右边，对备而未用的触头，在相应的栏中用"×"示出或不进行标注。

(6) 电气元件的技术数据，除在电气元件明细表中标明外，有时也可用小号字体标在其图形符号的旁边。

4. 电气原理图中电气常态位置

在识读电气原理图时，一定要注意图中所有电气元件的可动部分通常表示的是在电器非激励或不工作时的状态和位置，即常态位置。其中常见的器件状态如下：

(1) 继电器和接触器的线圈处在非激励状态。

(2) 断路器和隔离开关处在断开位置。

(3) 零位操作的手动控制开关处在零位状态，不带零位的手动控制开关处在图中规定的位置。

(4) 机械操作开关和按钮处在非工作状态或不受力状态。

(5) 保护用电器处在设备正常工作状态。

5. 电气原理图中连接端上的标志和编号

在电气原理图中，三相交流电源的引入线采用 L1、L2、L3 来标记，中性线以 N 表示。电源开关之后的三相交流电源主电路分别按 U、V、W 顺序标记，分级三相交流电源主电路采用文字代号 U、V、W 的前面加阿拉伯数字 1、2、3 等标记，如 1U、1V、1W 及 2U、2V、2W 等。电动机定子三相绕组首端分别用 U、V、W 标记，尾端分别用 U′、V′、W′标记。双绕组的中点则用 U″、V″、W″标记。

另外，根据电气原理图的复杂程度，主电路和辅助电路既可完整地画在一起，也可按功能分块绘制，但整个线路的连接端是统一用字母和数字加以标记的，这样可方便查找和分析其相互关系，保证电气原理图的一致性。

二、电气安装图

电气安装图用来表示电气设备和电气元件的实际安装位置，是生产机械电气控制设备制造、安装和维修必不可少的技术文件。电气安装图可集中画在一张图上或将控制柜、操作台的电气元件布置图分别画出，但图中各电气元器件代号应与有关电气原理图和元器件清单上的代号相同。在电气安装图中，机械设备轮廓是用双点画线画出的，所有可见的和需要表达清楚的电气元器件及设备是用粗实线绘出其简单的外形轮廓的。其中电气元器件不需要标注尺寸。

电气安装图的绘制原则如下：

(1) 同一类电器要尽可能画在一起。

(2) 外形尺寸与结构类似的电器安装在一起，方便安装、接线。

(3) 标示各元器件的间距、孔距和过线、进出线方式。

(4) 保证运行安全、操作方便。

某机床的电气安装图如图 3-8 所示。

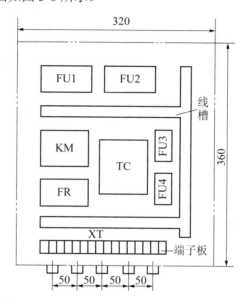

图 3-8　某机床的电气安装图

三、电气接线图

电气接线图反映的是电气设备各控制单元内部元件之间的接线关系，主要用于电气设备的安装配线、线路检查、线路维修和故障处理。在图中要标识出各电气设备、电气元器件之间的实际接线情况，并标注出外部接线所需的数据。在电气接线图中，各电气元器件的文字符号、元器件连接顺序和线路号码编制都必须与电气原理图中一致。

电气接线图的绘制原则如下：

(1) 在绘制电气接线图时，各电气元器件均按其在安装底板中的实际位置绘出。电气元器件所占图面按实际尺寸以统一比例绘制。

(2) 在绘制电气接线图时，将一个元器件的所有部件绘在一起，并用点画线框起来，有时将多个电气元件用点画线框起来，表示它们是安装在同一安装底板上的。

(3) 在绘制电气接线图时，画出配电盘外的各个元器件，如电动机、按钮、行程开关等。

(4) 在绘制电气接线图时，安装底板内外的电气元件之间的连线通过接线端子板进行连接，安装底板上有几条接至外电路的引线，端子板上就应该绘出几条线的接点。

(5) 在绘制电气接线图时，走向相同的相邻导线可以绘成一股线。

图 3-9 所示为某设备的电气接线图。

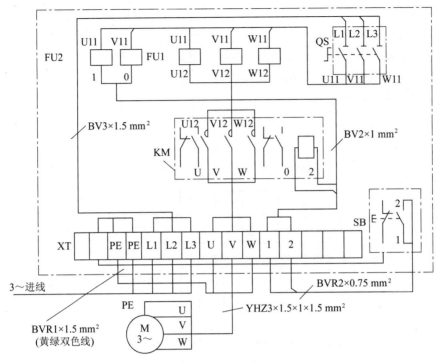

图 3-9　某设备的电气接线图

任务二 电气原理图的识图方法

在电气控制线路图中，电气原理图的应用最多，电气原理图也是设计和绘制电气安装图与电气接线图的依据，因此重点讲解识读电气原理图的方法。阅读电气原理图应掌握一定的方法和技巧。正确识读和分析电气控制电路，对电气控制逻辑的理解和电气故障的排除具有十分重要的意义。

电气原理图主要包括主电路、控制电路、辅助电路及照明电路等几部分。在阅读、分析之前，应首先对被控对象的总体结构、运动形式、控制流程、控制要求、电动机拖动形式、传动方式、操作方法、电动机和电气元件的安装位置、工作状态以及自动控制要求等技术资料进行收集、整理和分析。

1. 电气原理图的阅读方法

(1) 电路原理分析"先主后辅"。

主电路能够直接反映出机械传动结构和执行动作的原理，先对电气原理图的主电路进行阅读，可以了解被控对象有哪些用电设备，它们的主要作用，需要由哪些电器来控制，采用的保护措施有哪些等。

而控制电路能够更加细化出被控对象的动作顺序和控制逻辑关系，通过对控制电路的分析来确定被控对象的启动、转向、调速和制动等控制要求，最后分析辅助电路。

(2) 电路结构分析"化整为零"。

电气控制电路有时控制内容比较多，控制逻辑也比较烦琐，但无论多么复杂的控制电路都是由典型的控制环节组成的。对电气控制电路应进行功能划分和逻辑控制关系的梳理，就是常说的化整为零。

分析电路时，应从电源侧入手，从主令控制开关到接触器、继电器的线圈，由上至下、由左至右逐一分析，并注意各个局部控制电路之间的联锁和互锁关系，梳理控制顺序的流程，简洁明了地将控制电路的工作原理及过程表示出来。辅助电路包括照明电路、电源显示电路、工作状态显示电路及故障报警电路等，这部分电路只起到辅助作用。它们也都是由控制电路中的电气元件来控制的，因而在分析这部分电路时，还要结合整个电路一起进行分析。

(3) 综合分析"积零为整"。

经过化整为零的分析过程之后，初步对电气控制电路的各个环节有所了解，但最终还需进行积零为整的综合分析。从控制电路的整体角度去考虑，清楚各个控制环节之间的内在关系、互锁关系、联锁关系，清楚机械、电气、液压之间协调配合的情况及各种保护环节的设置情况，能够对整个电气控制电路有一个总体的认识，对整个电气工作原理和加工过程的实现有进一步的理解和认识，从而理解和掌握电路中每个电器及其触点所起的作用。

2. 电气原理图的识图步骤

首先要看图样说明，搞清设计内容和施工要求，这有助于了解图样的大体情况、抓住识图重点。

1) 看主电路

先看主电路有几台电动机，各有什么特点，如是否有正、反转，是顺序控制还是时间控制，采用什么方法启动，有无制动等典型控制线路。

2) 看控制电路

分析控制电路最基本的方法是查线读图法。一般参考主电路的接触器入手，按动作的先后次序逐个分析，主要是明白它的回路构成，各元件的联系、控制关系和在什么条件下构成通路或断路，即搞清楚它们的动作条件和作用。控制电路一般由一些基本环节组成，阅读时可把它们分解出来，便于分析。此外，还要看有哪些保护环节。

3) 看信号及照明、辅助电路

看清楚辅助电路的电源，分清负载类型、电源类型和电压等级。

任务三 组成电气控制线路的基本环节

数控机床是在普通机床的基础上发展和演变而来的。在电力拖动自动控制系统中，各种生产机械均由电动机来拖动。不同的生产机械对电动机的控制要求不尽相同。任何电气控制线路都是按照一定的控制原则由基本的控制环节组成的。电气控制的基本环节包括电动机的启动、制动、正反转及调速等。

三相笼型异步电动机结构简单、运行可靠、坚固耐用、价格便宜、维修方便，并且具有体积小、质量轻、转动惯量小的特点，因此得到了广泛的应用。三相笼型异步电动机的控制线路大多由接触器、继电器、刀开关、按钮等有触点电器组合而成。

一、三相异步电动机的启动控制

三相笼型异步电动机接通电源后由静止状态逐渐加速到稳定运行状态的过程，称为电动机的启动。电动机的型号、功率和负载不同，其启动方法和控制线路也不同。三相异步电动机一般有全压直接启动和降压启动两种方式。较大容量(大于 10 kW)的电动机，因启动电流较大(可达额定电流的 4～7 倍)，一般采用降压启动方式来降低启动电流。

供电变压器容量足够大时，容量在 10 kW 以下的电动机(如小容量笼型)，一般采用全电压直接启动方式启动。直接启动的优点是电气设备少，线路简单；缺点是启动电流大，引起供电系统电压波动，干扰其他用电设备的正常工作。普通机床的冷却泵、小型台钻和砂轮机等小容量电动机可直接用开关启动。

点动控制和长动控制

二、点动控制、长动控制、多地点多条件控制

1. 开关控制电路

图 3-10 所示为电动机的单向旋转开关控制电路。用刀开关或自动空气开关直接控制电动机的启动和停车。这类控制电路一般适用于不频繁启动的小容量电动机，如砂轮机、三相电风扇等电动机，但是这种控制电路不能实现远距离控制和自动控制。

2. 点动控制电路

在需要频繁启动、停车的点动控制场合，一般采用图 3-11 所示的由按钮、接触器等实现的

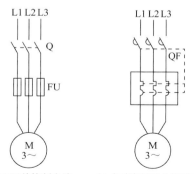

(a) 刀开关控制电路　　(b) 自动空气开关控制电路

图 3-10　电动机的单向旋转开关控制电路

点动控制电路。图中组合开关 QS、熔断器 FU、交流接触器 KM 的主触点、热继电器 FR 的热元件与电动机组成主电路，主电路中通过的电流较大。控制电路由启动按钮 SB、接触器 KM 的线圈及热继电器 FR 的常闭触点组成，控制电路中流过的电流较小。

点动控制电路的工作原理如下。

启动：接通电源开关 QS，按下启动按钮 SB，接触器 KM 的线圈通电，常开主触点闭合，电动机定子绕组接通三相电源，电动机启动。

停止：松开启动按钮，接触器 KM 的线圈断电，接触器主触点分开，切断三相电源，电动机停止。

从线路分析可知，按下启动按钮，电动机转动，松开启动按钮，电动机停转，这种控制即为点动控制。点动控制能实现电动机短时转动，常用于机床的刀架、横梁、立柱等快速移动和对刀调整等场合。

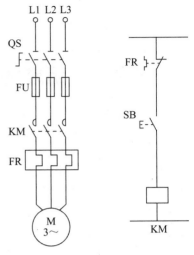

图 3-11　点动控制电路

3. 长动控制电路

长动控制电路是一种最常用、最简单的控制线路，能实现对电动机的启动、停止的自动控制、远距离控制、频繁操作等。

图 3-12 所示为长动控制电路。其由组合开关 QS、熔断器 FU1、交流接触器 KM 的主触点、热继电器 FR 的热元件与电动机组成主电路，由启动按钮 SB2、停止按钮 SB1、接触器 KM 的线圈及其辅助常开触点、熔断器 FU2、热继电器常闭触点组成辅助电路。

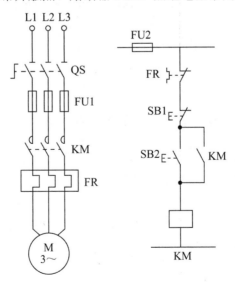

图 3-12　长动控制电路

长动控制电路的工作原理如下。

启动：接通电源开关 QS，按下启动按钮 SB2 时，接触器 KM 的线圈得电，其主触点闭合，主电路接通，电动机 M 启动运行。同时并联在启动按钮 SB2 两端的接触器 KM 辅助常开触点也闭合，将 SB2 两端短接，故即使松开启动按钮 SB2，控制电路也不会断电，接触器 KM 的线圈继续通电，电动机仍能继续运行。

这种依靠接触器自身的辅助触点来使其线圈保持通电的现象称为自锁。

停止：按下停止按钮 SB1 时，接触器 KM 的线圈断电，接触器 KM 所有触点断开，切断主电路，电动机停转。随后松开停止按钮 SB1，停止按钮 SB1 恢复闭合，但接触器 KM 的线圈不会再通电。

本电路具有以下保护环节：

(1) 过载保护，通过热继电器 FR 实现。热继电器的热惯性比较大，即使热元件上流过几倍额定电流的电流，热继电器也不会立即动作。因此，在电动机启动时间不太长的情况下，热继电器经得起电动机启动电流的冲击而不会动作。只有在电动机长期过载下热继电器 FR 才动作，断开控制电路，使接触器 KM 断电，切断电动机主电路，电动机停转，实现过载保护。

(2) 短路保护。由熔断器 FU1、FU2 分别实现电动机的主电路和控制电路的短路保护。

(3) 失压和欠压保护。当电源电压因某种原因严重下降或消失(降到额定电压的 85%)时，接触器的电磁吸力下降或消失，使得接触器的衔铁释放，主触点和自锁触点断开，电动机停止转动。当线路电压正常时，接触器线圈不能自动通电，必须再次按下启动按钮 SB2 后才能重新启动，从而避免了线路正常后电动机突然启动所引起的设备或人身事故。具有自锁电路的接触器控制电路都有失压和欠压保护作用。

4. 长动和点动控制电路

在实际生产中，往往需要既可以点动又可以长动的控制电路。其主电路相同，但控制电路有多种，如图 3-13 所示。

同时实现点动、长动控制

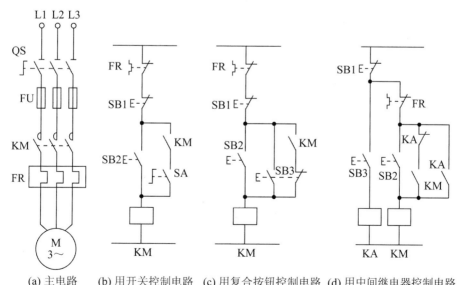

(a) 主电路　(b) 用开关控制电路　(c) 用复合按钮控制电路　(d) 用中间继电器控制电路

图 3-13　点动和长动控制电路

(1) 用开关控制电路。

图 3-13(b)所示，用开关控制电路是以开关 SA 的打开与闭合来区别点动与长动的。

① 工作原理。点动控制：接通 QS 电源开关，断开 SA。按下按钮 SB2，电动机转动。松开按钮 SB2，电动机停转。长动控制：接通 QS 电源开关，闭合 SA。按下按钮 SB2，电动机转动。按下按钮 SB1，电动机停止。

② 用开关控制电路的缺点。由于启动均用同一按钮 SB2 控制，若疏忽了开关 SA 的动作，就会混淆长动与点动的作用；每次切换点动控制和长动控制的状态都要先控制 SA，操作麻烦。

(2) 用复合按钮控制电路。图 3-13(c)所示，分别利用三个按钮 SB3、SB2 和 SB1 来控制点动、长动启动和长动停止，操作简单，功能明确。

① 工作原理。点动控制：接通 QS 电源开关，按下按钮 SB3，电动机转动；松开按钮 SB3，电动机停转。长动控制：接通 QS 电源开关，按下按钮 SB2，电动机转动；按下按钮 SB1，电动机停止。

② 用复合按钮控制电路的缺点。当接触器铁芯因油腻或剩磁而发生缓慢释放时，点动可能变成长动，所以这个电路虽然简单但并不可靠。

(3) 用中间继电器控制电路。中间继电器是一种小巧轻便的低压电器，动作灵敏可靠。采用中间继电器实现点动、长动控制，操作简便，可靠性高。

工作原理如下：

点动控制：接通 QS 电源开关，按下按钮 SB3，中间继电器 KA 的常闭触点断开接触器 KM 的自锁触点，KA 的常开触点使接触器 KM 的线圈通电，电动机转动；松开按钮 SB3，电动机停止。

长动控制：接通 QS 电源开关，按下按钮 SB2，电动机启动；按下按钮 SB1，电动机停止。

5. 多地点、多条件控制电路

在大型设备上，为了操作方便，常要求能在多个地点进行控制操作；在某些机械设备上，为保证操作安全，需要满足多个条件，设备才能开始工作。这样的多地点、多条件控制要求可通过在电路中串联或并联电器的常闭触点和常开触点来实现。

多地点、多条件控制电路

图 3-14(a)所示为多地点操作控制电路。接触器 KM 线圈的通电条件为按钮 SB2、SB3、SB4 的任一常开触点闭合，接触器 KM 辅助常开触点构成自锁，这里的常开触点并联构成逻辑或的关系，满足任一条件，接通电路；接触器 KM 线圈电路的切断条件为按钮 SB1、SB5、SB6 的任一常闭触点打开，常闭触点串联构成逻辑与的关系，满足任一条件，即可切断电路。

图 3-14(b)所示为多条件操作控制电路。接触器 KM 线圈的通电条件为按钮 SB4、SB5、SB6 的常开触点全部闭合，接触器 KM 的辅助常开触点构成自锁，即常开触点串联构成逻

辑与的关系，全部条件满足，接通电路；接触器 KM 线圈电路的切断条件为按钮 SB1、SB2、SB3 的常闭触点全部打开，即常闭触点并联构成逻辑或的关系，全部条件满足，切断电路。

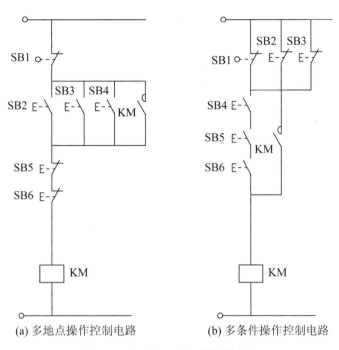

(a) 多地点操作控制电路　　　　　(b) 多条件操作控制电路

图 3-14　多地点、多条件控制电路

三、正反转控制

　　三相异步电动机正反转控制在生产机械加工中经常用到，如机床工作台的前进与后退、主轴的正转与反转，摇臂钻床摇臂的上升与下降、起重机吊钩的上升与下降等，了解它的控制原理是很重要的。常用的正反转控制电路包括非直接换向、可直接换向、按钮联锁、行程限位等多种控制方式。

电动机正反转
控制的工作原理

　　控制三相异步电动机的正反转，可用改变输入三相电源相序的方法实现，只需将接至交流电动机的三相电源进线中的任意两相对调，即可实现反转。当电动机正转时，定子绕组的三个接线端子 U、V 和 W 分别接入电源的 L1、L2 和 L3 三相；而当需要电动机反转时，定子绕组的三个接线端子 U、V 和 W 分别接入电源的 L3、L2 和 L1 三相。接至定子绕组的电源相序变了，电动的旋转方向也就随之改变。

1. 用倒顺开关实现的正反转控制电路

　　倒顺开关如图 3-15 所示。它的作用是连通、断开电源或负载，可以使电动机正转或反转，主要用于单相、三相电动机正反转控制。

图 3-15   倒顺开关

图 3-16 所示为用倒顺开关控制实现的正反转控制电路。

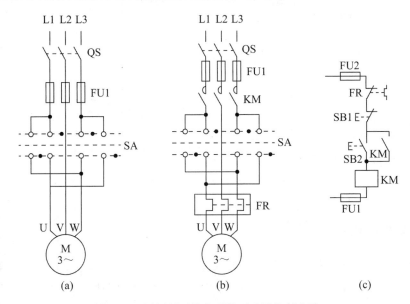

图 3-16   用倒顺开关实现的正反转控制电路

图 3-16(a)所示为直接用倒顺开关实现电动机正反转的电路。因为倒顺开关无灭弧机构，所以只适用于容量小于 5.5 kW 的电动机的正反转控制电路。

对于容量大于 5.5 kW 的电动机，则采用图 3-16(b)和图 3-16(c)所示的控制电路，通过倒顺开关预选电动机的旋转方向，而由接触器 KM 来接通和断开电源，控制电动机的启动和停车。此电路采用接触器控制，并且在主电路中接入了热继电器 FR，所以此电路具有失压、欠压和过载保护，熔断器 FU1 实现了短路保护。

2. 用按钮、接触器实现的正反转控制电路

图 3-17 所示为用按钮、接触器实现的正反转控制电路。其中，KM1 为正转接触器，KM2 为反转接触器。KM1 主触点闭合时与 KM2 主触点闭合时电动机的电源相序正好改变了其中两相的相序，从而实现电动机的正反转。

电动机正反转控制电路

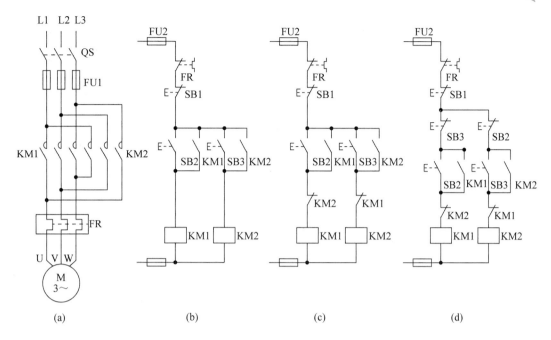

图 3-17 用按钮、接触器实现的正反转控制电路

1) 无互锁的正-停-反控制电路

用接触器控制的正反转控制电路辅助电路如图 3-17(b)所示。常开按钮 SB2 和 SB3 接通，分别控制接触器 KM1 和 KM2 的线圈得电，进而分别控制电动机的正转和反转；同时接触器 KM1 和 KM2 的常开触点能够实现自锁，保证接触器的线圈持续得电，接触器主触点持续闭合，电动机持续转动。正转和反转的交替中，需要按下常闭按钮 SB1 停转，再按另一个常开按钮进行另一个方向的转动。这样按次序操作 SB2→SB1→SB3→SB1…，可以实现电动机正转→停转→反转→停转…的动作循环。

然而，图 3-17(b)所示的电路是存在隐患的。如果在操作过程中，操作者想要实现正转直接变反转，却忘记了先按下停转按钮 SB1，也就是按完按钮 SB2 后，直接按下按钮 SB3。这时，在控制电路中，接触器 KM1 和 KM2 的线圈会同时得电，这时主电路中接触器 KM1 和 KM2 的主触点会同时闭合。通过主电路可以分析出，这时电源流出的电流会回流到电源，出现短路现象，会烧毁熔断器 FU1。

2) 有互锁的正-停-反控制电路

对于需要频繁操作的电动机正反转控制来说，操作人员的误操作难以避免，可以通过改良电路设计来避免这种误操作造成的影响。如图 3-17(c)所示的辅助电路中，在两个接触器 KM1 和 KM2 的线圈旁边，分别串联了另一个接触器的常闭触点。

按次序操作 SB2→SB1→SB3→SB1…，依然可以实现电动机正转→停转→反转→停转…的动作循环。动作过程与图 3-17(b)所示控制电路并没有区别。

然而，图 3-17(c)所示，若按下按钮 SB2 后，直接按下按钮 SB3，则电路不会出现短路现象。因为常闭触点 KM1 和 KM2 的存在，保证了两个接触器线圈不会同时得电，所以两个接触器的主触点不会同时闭合，电路也就不会短路。

我们把这种将接触器常闭触点串联在对方接触器线圈的方式叫作互锁，也叫电气互锁。互锁的存在可以保证自己接触器线圈得电时，对方接触器线圈不得电，进而保护电路。即使操作人员出现了操作失误，也不会损坏电路。

电气互锁电路的控制原理：闭合电源开关 QS，按下按钮 SB2，接触器 KM1 的线圈得电，KM1 主触点闭合，电动机正转。同时 KM1 常开触点闭合，实现自锁；KM1 常闭触点断开，实现互锁。这时如果直接按下按钮 SB3，由于互锁的作用，接触器 KM2 的线圈不会得电，电路不会烧坏。如需电动机反转，需要按下常闭按钮 SB1 使电动机停转，再进行反转操作。

这种电路的主要缺点是操作不方便，为了实现其正反转，必须先按下停止按钮，然后按启动按钮才行，这样难以提高劳动生产率。

为此，可以采用图 3-17(d)所示的控制电路。该电路可以实现电动机由正转直接变反转或由反转直接变正转的操作，它是在图 3-17(c)的基础上增加了由启动按钮的常闭触点构成的机械互锁，构成具有电气和机械双重互锁的控制电路。

利用接触器来控制电动机与用开关直接控制电动机相比，其优点是：减轻了劳动强度，操纵小电流的控制电路就可以控制大电流的主电路，能实现远距离控制与自动控制。

3. 行程控制

行程控制实际上可以看作正反转控制的特殊应用。某些机械设备中的运动部件(如机床的工作台、高炉的加料设备等)往往有行程限制，需要自动往返运行，而自动往返的可逆运行通常利用行程开关来检测往返运动的相对位置，控制电动机的正反转。图 3-18 所示为机床工作台自动往返运动。

行程控制

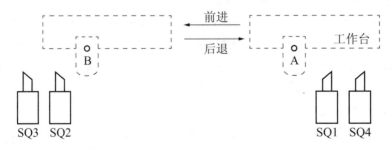

图 3-18　机床工作台自动往返运动示意图

行程开关 SQ1、SQ2 分别安装在床身两端，反映工作台的起点和终点。撞块 A、B 安装在工作台上，当撞块随着工作台运动到行程开关位置时，压下行程开关，使其触点动作，从而改变控制电路，使电动机正反转，实现工作台的自动往返运动。

图 3-19 所示为用行程开关实现自动往返的控制电路。

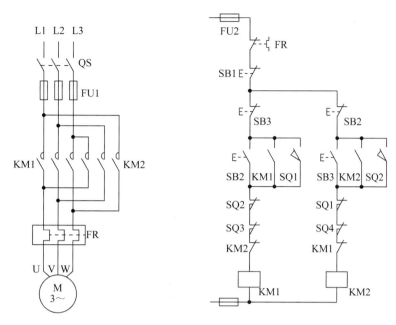

图 3-19　用行程开关实现自动往返的控制电路

图 3-19 中，KM1 为正转接触器，KM2 为反转接触器。该电路的工作原理：合上电源开关 QS，按下正向启动按钮 SB2，KM1 的线圈得电并自锁，电动机正向启动，拖动工作台前进。当前进到位时，撞块压下行程开关 SQ2，其常闭触点断开，使 KM1 的线圈失电，电动机停转，但同时 SQ2 的常开触点闭合，使 KM2 的线圈得电，电动机反向启动，拖动工作台后退。当后退到位时，撞块又压下行程开关 SQ1，其常闭触点断开，使 KM2 的线圈失电，电动机停转，但同时 SQ1 的常开触点闭合，KM1 的线圈得电，电动机正向启动，拖动工作台前进。如此循环往返，实现了自动往返功能。而行程开关 SQ3、SQ4 分别用于正反转的极限保护，避免工作台因超出极限位置而发生事故。该电路不仅具有失压、欠压、过载和短路保护环节，还具有机械和电气互锁保护等保护环节，该电路在生产实践中得到了广泛的应用。

从以上分析来看，工作台每经过一个往复循环，电动机要进行两次转向改变，因而电动机的轴将受到很大的冲击力，容易扭坏。此外，当循环周期很短时，电动机频繁地换向和启动，会因过热而损坏。因此，上述线路只适用于循环周期长且电动机的轴有足够强度的传动系统中。

上述利用行程开关按照机械设备的运动部件的行程位置进行电动机的控制称为行程控制。

四、顺序控制及时间控制

1. 顺序控制

实际生产中，有些设备常要求电动机按一定的顺序启动，如铣床工作台的进给电动机必须在主轴电动机已启动工作的条件下才能启动工作；某些自动加工设备必须在前一工步已完成，转换控制条件具备后，方可进入新的工步；还有一些设备要求液

顺序控制电路

压泵电动机首先启动正常供液后，其他动力部件的驱动电动机方可启动工作。控制设备完成顺序启动电动机的电路称为顺序控制电路或条件控制电路。

1) 主电路实现顺序控制的电路

图 3-20 所示，KM 是液压泵电动机 M1 的启动控制接触器，QS2 控制主轴电动机 M2。工作时，KM 的线圈得电，其主触点闭合，液压泵电动机 M1 启动以后，满足 QS2 通电工作的条件，QS2 可控制主轴电动机 M2 启动工作。

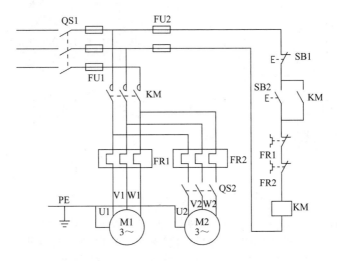

图 3-20　主电路实现顺序控制的电路

2) 控制电路实现顺序控制的电路

图 3-21 所示为两台电动机顺序启动的控制电路。KM1 是液压泵电动机 M1 的启动控制接触器，KM2 控制主轴电动机 M2。工作时，KM1 的线圈得电，其主触点闭合，液压泵电动机 M1 启动以后，满足 KM2 的线圈通电工作的条件，KM2 可控制主轴电动机 M2 启动工作。

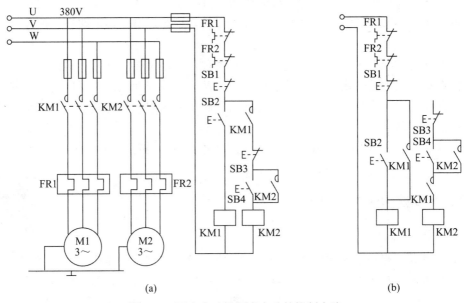

(a)　　　　　　　　　　　　　　　　　(b)

图 3-21　两台电动机顺序启动的控制电路

图 3-21 (a)所示的控制电路中，KM2 的线圈电路由 KM1 的线圈电路启、停控制环节之后接出，当启动按钮 SB2 压下，KM1 的线圈得电，其辅助常开触点闭合自锁，使 KM2 的线圈通电工作条件满足，此时通过主轴电动机 M2 的起、停控制按钮 SB4 与 SB3 控制 KM2 的线圈电路的通、断电，控制主轴电动机 M2 的启动工作和断电停车。图 3-21(b)所示的控制电路中，KM1 的线圈电路与 KM2 的线圈电路单独构成，KM1 的辅助常开触点作为一个控制条件，串接在 KM2 的线圈电路中，只有 KM1 的线圈得电，该辅助常开触点才闭合，液压泵电动机 M1 启动工作的条件满足后，KM2 的线圈可开始通电工作。

2. 时间控制

在自动控制系统中，经常要延迟一段时间或定时接通和分断某些控制电路，以满足生产上的需要。下面介绍常见的电动机的时间控制电路——三相笼型异步电动机 Y-△减压启动控制电路。

图 3-22 所示为时间继电器控制的 Y-△减压启动控制电路。它是利用时间继电器来完成电动机的 Y-△自动切换的，电动机绕组先接成 Y，待转速增加到一定程度时，再将线路切换成△连接。这种方法可使每相定子绕组所承受的电压在启动时降低到电源电压的 1/3，其电流为直接启动时的 1/3。因为启动电流减小，启动转矩也同时减小到直接启动的 1/3，所以这种方法一般只适用于空载或轻载启动的场合。

控制电路工作原理如下：合上电源开关 QF，按下按钮 SB2，KM1 的线圈通电，其常开辅助触点闭合，KM2 的线圈也通电，同时 KT 的线圈有电，开始计时；KM1、KM2 的主触点闭合，电动机绕组连接成 Y 启动，KM2 的常开辅助触点闭合，起自锁作用；KT 计时时间到，其延时动作的常闭触点断开，延时动作的常开触点闭合，使 KM1 的线圈回路断开，KM3 的线圈回路通电，KM1 的主触点断开，KM3 的主触点闭合，电动机接成△全压运行。停车时，按下停车按钮 SB1 即可。

通过分析可以发现，KM3 动作后，它的常闭触点将 KM1 的线圈断开，这样防止了 KM1 再动作。同样 KM1 动作后，它的常闭触点将 KM3 的线圈断开，可防止 KM3 再动作。这种互锁关系可保证启动过程中 KM1 与 KM3 的主触点不能同时闭合，以防止电源短路。

数控机床实训设备
——电气原理图识读

数控机床实训设备
——冷却泵启停电路

数控机床实训设备
——刀架正反转电路

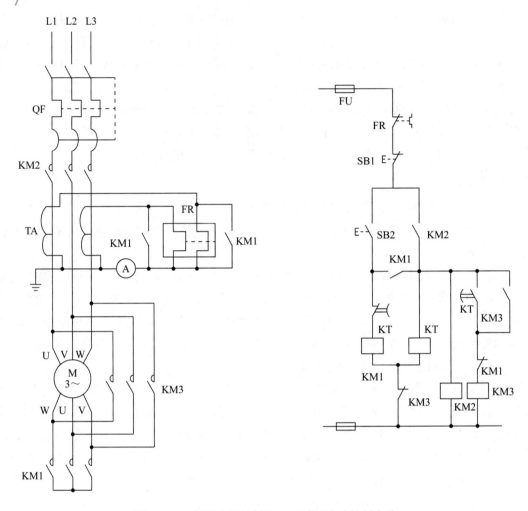

图 3-22 时间继电器控制的 Y-△减压启动控制电路

习　题

1. 线圈电压为 220 V 的交流接触器，误接入 380 V 交流电源上会发生什么问题？为什么？

2. 画出时间继电器的图形符号。

3. 两个 110 V 交流接触器同时动作时，能否将其两个线圈串联到 220 V 电路上？

4. 接触器的作用是什么？分为哪几种？

5. 说明继电器和熔断器保护功能的不同之处。

6. 中间继电器与接触器有何异同？

7. 按钮的颜色应符合哪些要求？

8. 笼型异步电动机是如何改变转动方向的？

9. 什么是互锁？什么是自锁？试举例说明各自的作用。

10. 长动与点动的区别是什么？

11. 常开触点串联或并联，在电路中起什么控制作用？常闭触点串联或并联，起什么控制作用？

12. 设计一个控制电路，要求第一台电动机启动 10 s 以后，第二台电动机自动启动，运行 5 s 以后，第一台电动机停止转动，同时第三台电动机启动，再运转 15 s 后，电动机全部停止。

13. 为两台异步电动机设计一个控制线路，其要求如下：

(1) 两台电动机互不影响地独立操作；

(2) 能同时控制两台电动机的启动与停止；

(3) 当一台电动机发生过载时，两台电动机均停止工作。

14. 简述电气原理图分析的一般步骤。

项目四

数控机床进给运动的控制

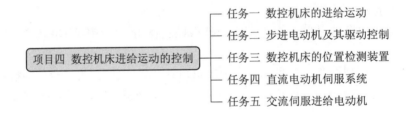
项目描述

本项目从数控机床伺服系统的组成及其功能和系统分类详细介绍了数控机床进给运动的控制，并运用进给运动在机床中的使用实例使学生了解进给运动的应用。

知识目标

掌握数控机床伺服系统的概念；熟悉伺服系统应具有的基本性能；熟悉伺服系统的分类。

能力目标

准确判断伺服系统的类型；准确分辨步进电动机的分类及其控制方法；掌握检测装置的应用环境及工作原理。

教学重点

了解步进电动机的工作原理；了解数控机床的位置检测装置。

教学难点

理解直流、交流伺服电动机的结构和工作原理。

任务一　数控机床的进给运动

驱动装置是机电控制系统的重要组成部分之一，其功能是在控制信息的作用下为系统提供动力，驱动各种执行机构完成各种动作和功能。一个完善的机电控制系统包括机械本体、动力部分、测试传感部分、执行机构、驱动装置、控制和信息处理单元及接口等几个基本要素，各要素和环节之间通过输入/输出接口相联系。

对于数控机床的驱动系统来说，其主要包括伺服系统和驱动装置两个部分。伺服系统的作用是直接驱动各种机械执行机构完成预定的工作任务。驱动装置位于数控装置和机床工作装置之间，包括进给伺服驱动装置和主轴驱动装置。

一、数控机床伺服系统的概念及组成

数控机床伺服系统是以机床移动部件的位置和速度为控制量的自动控　　伺服系统概述制系统，也称为随动系统、拖动系统或伺服机构。伺服系统是 CNC 装置和机床的联系环节，是数控机床的"四肢"。它接收 CNC 装置输出的插补指令，并将其转换为移动部件的机械运动(主要是转动和平动)。伺服系统的性能在很大程度上决定了数控机床的性能，例如数控机床的最高移动速度、跟踪精度、定位精度等重要指标均取决于伺服系统的动态和静态性能。

通常将伺服系统分为开环控制、闭环控制和半闭环控制伺服系统。开环控制伺服系统通常主要以步进电动机作为控制对象，闭环控制伺服系统通常以直流伺服电动机或交流伺服电动机作为控制对象。在开环控制伺服系统中只有前向通路，无反馈回路，CNC 装置生成的插补脉冲经功率放大后直接控制步进电动机的转动；脉冲频率决定了步进电动机的转速，进而控制工作台的运动速度；输出脉冲的数量控制工作台的位移，在步进电动机轴上或工作台上无速度或位置反馈信号。在闭环控制伺服系统中，以检测元件为核心组成反馈回路，检测执行机构的速度和位置，由速度和位置反馈信号来调节伺服电动机的速度和位移，进而来控制执行机构的速度和位移。

闭环或半闭环控制伺服系统由位置检测装置、位置控制模块、伺服驱动装置、伺服电动机及机床进给传动部分组成，如图 4-1 所示。

闭环控制伺服系统一般由位置环和速度环组成。内环是速度环，由伺服电动机、伺服驱动装置、速度检测装置及速度反馈组成；外环是位置环，由数控系统中的 CNC 位置控制、位置检测装置及位置反馈组成。

伺服单元的基本原理

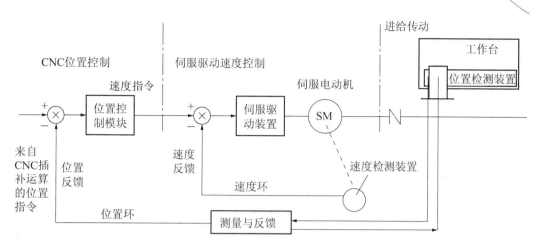

图 4-1　闭环伺服系统的组成

在位置控制中，根据插补运算得到的位置指令(一串脉冲或二进制数据)，与位置检测装置反馈来的机床坐标轴的实际位置相比较，形成位置偏差，经变换得到速度给定电压。

在速度控制中，伺服驱动装置根据速度给定电压和速度检测装置反馈的实际转速对伺服电动机进行控制，以驱动机床传动部件。数控机床运动坐标轴的控制不仅要完成单个轴的速度位置控制，而且在多轴联动时，要求各移动轴具有良好的动态配合精度，这样才能保证加工精度、表面粗糙度和加工效率。

二、伺服系统应具有的基本性能

1. 高精度

伺服系统要具有较好的静态特性和较高的伺服刚度，从而达到较高的定位精度，以保证数控机床具有较小的定位误差与重复定位误差。在速度控制中，要求具有较高的调速精度和较强的抗负载扰动能力，即伺服系统应具有较好的动、静态精度。

2. 良好的稳定性

稳定性是指系统在给定输入作用下，经过短时间的调节后达到新的平衡状态；或在外界干扰作用下，经过短时间的调节后重新恢复到原有平衡状态的能力。稳定性直接影响数控加工的精度和表面粗糙度。为了保证切削加工的稳定、均匀，数控机床的伺服系统应具有良好的抗干扰能力，以保证进给速度的均匀、平稳。

3. 动态响应速度快

动态响应速度是伺服系统动态品质的重要指标，它反映了系统的跟踪精度。目前，数控机床的插补时间一般在 20 ms 以下，在如此短的时间内，伺服系统要快速跟踪指令信号，这就要求伺服系统既要快速响应，又不能超调，否则将形成过切，影响加工质量。同时，当负载突变时，要求速度的恢复时间也要短，且不能有振荡，这样才能得到光滑的加工表面。

4. 调速范围要宽

在数控机床中，所用刀具、被加工材料、主轴转速及进给速度等加工工艺要求各有不同，为保证在任何情况下都能得到最佳的切削条件，要求进给伺服系统必须具有足够宽的调速范围。机床的调速范围 R_N 是指机床要求电动机能够提供的最低转速 n_{min} 和最高转速 n_{max} 之比，即

$$R_N = \frac{n_{min}}{n_{max}}$$

其中：n_{max} 和 n_{min} 一般是指额定负载时电动机的最高转速和最低转速，对于小负载的机械也可以是实际负载时的最高转速和最低转速。一般的数控机床进给伺服系统的调速范围 R_N 为 1：24 000 就足够了，当前先进水平的速度控制单元的技术已达到 1：100 000 的调速范围。同时要求速度均匀、稳定，无爬行，且速降要小。在平均速度很低(1 mm/min 以下)的情况下，要求有一定的瞬时速度。零速度时要求伺服电动机处于锁紧状态，以维持定位精度。

数控机床的加工特点是低速时进行重切削，因此要求伺服系统应具有低速时输出大转矩的特性，以适应低速重切削的加工要求；同时具有较宽的调速范围以简化机械传动链，进而增加系统刚度，提高转动精度。一般情况下，进给系统的伺服控制属于恒转矩控制；而主轴坐标的伺服控制在低速时为恒转矩控制，高速时为恒功率控制。

数控车床的主轴伺服系统一般是速度控制系统，除一般要求之外，还要求主轴和进给驱动可以实现同步控制，以实现螺纹切削的加工要求。有的数控车床要求主轴伺服系统具有恒线速功能。

5. 高性能电动机

为了满足进给伺服系统的要求，对进给伺服系统的执行元件——伺服电动机也相应提出高精度、快响应、宽调速和大转矩的要求。

(1) 电动机从最低转速到最高转速的调速范围内能够平滑运转，转矩波动要小，尤其是在低速时要无爬行现象。

(2) 电动机应具有大的、长时间的过载能力，一般要求数分钟内过载 4～6 倍而不烧毁。

(3) 为了满足快速响应的要求，即随着控制信号的变化，电动机应能在较短的时间内达到规定的速度，快的反应速度直接影响到系统的品质。因此，要求电动机必须具有较小的转动惯量和较大的制动转矩，尽可能小的机电时间常数和启动电压。

(4) 电动机应能承受频繁启动、制动和反转的要求。

三、伺服系统的分类

进给伺服系统有多种分类方法，常见的分类方法如下：

1. 按执行元件分类

按执行元件分类，进给伺服系统可分为步进电动机、直流电动机和交流电动机进给伺服系统。

1) 步进电动机进给伺服系统

步进电动机进给伺服系统选用功率型步进电动机作为驱动元件，如图 4-2 所示。步进电动机主要有反应式和混合式两类。反应式步进电动机价格较低，混合式步进电动机价格

较高。但混合式步进电动机的输出力矩大，运行频率及升降速度快，因而性能更好。为了克服步进电动机低频共振的缺点，进一步提高精度，步进电动机驱动装置一般提供半步/整步选择，甚至细分功能。步进电动机进给伺服系统在我国经济型数控机床和旧机床数控改造中起到了极其重要的作用。

图 4-2　步进电动机及驱动装置

2) 直流电动机进给伺服系统

从 20 世纪 70 年代到 80 年代中期，直流电动机进给伺服系统在数控机床领域占据主导地位。图 4-3 所示，大惯量直流电动机具有良好的宽调速特性，其输出转矩大，过载能力强。由于电动机自身惯量较大，与机床传动部件的惯量相当，因此将构成的闭环系统安装在机床上时，几乎不需再做调整(只要安装前调整好)，使用十分方便。

图 4-3　直流伺服电动机及驱动装置

3) 交流电动机进给伺服系统

直流伺服电动机使用机械(电刷、换向器)换向，故存在许多缺点。但直流伺服电动机优良的调速特性正是通过机械换向得到的，所以这些缺点是无法克服的。多年来，人们一直试图用交流伺服电动机代替直流

进给驱动器的连接

伺服电动机，其困难在于交流伺服电动机很难达到直流伺服电动机的调速性能。20世纪80年代以后，由于交流伺服电动机的材料、结构及控制理论与方法的突破性进展和微电子技术、功率半导体器件的发展，交流驱动装置发展很快，目前已逐渐取代了直流伺服电动机。交流伺服电动机与直流伺服电动机相比，最大的优点在于它不需要维护，制造简单，适于在恶劣环境下工作。交流伺服电动机及驱动装置如图4-4所示。

图4-4　交流伺服电动机及驱动装置

交流伺服电动机有交流同步电动机与交流异步电动机两大类。由于数控机床进给驱动的功率一般不大(数百瓦至数千瓦)，而交流异步电动机的调速指标不如交流同步电动机的，因此大多数交流伺服电动机进给伺服系统采用永磁式同步电动机。永磁式同步电动机主要由定子、转子和检测元件三部分组成。

目前，国外的交流电动机进给驱动装置已实现了全数字化，即在进给驱动装置中，除了驱动级外，所有功能均由微处理器完成，采用数字技术传递各类信号，能高速、实时地实现前馈控制、补偿、最优控制、自学习、自适应等功能。2000年前后，国内数控系统厂家也开始推出同类产品，如HSV-16系列及HSV-20D系列交流电动机进给驱动装置。

2. 按有无检测元件和反馈环节分类

按有无检测元件和反馈环节，伺服系统可以分为开环、闭环、半闭环和混合闭环伺服系统。

1) 开环伺服系统

开环伺服系统(见图4-5)是无位置反馈的系统，其驱动元件主要是步进电动机。这种驱动元件工作原理的实质是数字脉冲到角度位移的变换，它不用位置检测元件实现定位，而是靠驱动装置本身，转过的角度正比于指令脉冲的个数，运动速度由进给脉冲的频率决定。

由于它没有位置反馈控制回路和速度反馈控制回路，从而简化了线路，因此设备投资低，调试维修很方便。但它的进给速度和精度都较低，一般应用于中、低档数控机床及普通的机床改造。

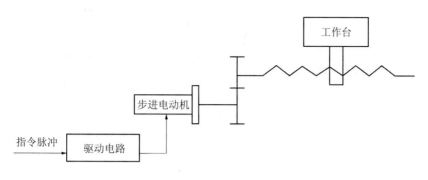

图 4-5　开环伺服系统

2) 闭环伺服系统

闭环伺服系统的框图如图 4-6 所示。数控机床伺服系统的误差是 CNC 输出的位置指令和机床工作台(或刀架)实际位置的差值。闭环伺服系统运动执行元件不能反映运动的位置，因此需要有位置检测装置。该装置测出实际位移量或者实际位置，并将测量值反馈给 CNC 装置，与位置指令进行比较求得差值，依此构成闭环位置控制。闭环方式是直接从机床的移动部件上获取位置的实际移动值，因此其检测精度不受机械传动精度的影响。

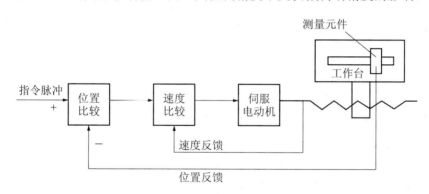

图 4-6　闭环伺服系统

由于闭环伺服系统是反馈控制，反馈测量装置精度很高，因此系统传动链的误差、环内各元件的误差及运动中造成的误差都可以得到补偿，从而大大提高了跟随精度和定位精度。目前，闭环系统的分辨率多数为 1 μm，高精度系统分辨率可达 0.1 μm。系统精度取决于测量装置的制造精度和安装精度。

3) 半闭环伺服系统

位置检测元件不直接安装在进给坐标的最终运动部件上(见图 4-7)，而是安装在驱动元件或中间传动部件的传动轴上，此称为间接测量。在半闭环伺服系统中，有一部分传动链在位置环以外，在环外的传动误差没有得到系统的补偿，因而半闭环伺服系统的精度低于闭环伺服系统。半闭环方式的优点是它的闭环环路短(不包括传动机构)，因而系统容易达到较高的位置增益，不会出现振荡现象。它的快速性也好，动态精度高，传动机构的非线性因素对系统的影响小。

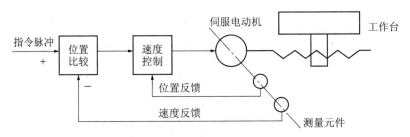

图 4-7 半闭环伺服系统

半闭环和闭环系统的控制结构是一致的，不同点是闭环系统环内包括较多的机械传动部件，传动误差均可被补偿，理论上其精度可以达到很高。但由于受机械变形、温度变化、振动及其他因素的影响，系统稳定性难以调整。此外，机床运行一段时间后，机械传动部件的磨损、变形及其他因素的改变容易使系统稳定性改变，精度发生变化，所以目前使用半闭环系统较多。只在具备传动部件精密度高、性能稳定、使用过程温差变化不大的高精度数控机床上才使用全闭环伺服系统。

4) 混合闭环伺服系统

混合闭环方式采用半闭环与闭环结合的方式。它利用半闭环所能达到的高位置增益来获得较高的速度与良好的动态特性，又利用闭环补偿半闭环无法修正的传动误差来提高系统精度。混合闭环方式适用于重型、超重型数控机床，它们的移动部件很重，设计时提高刚性较困难。

3. 按反馈比较控制方式分类

按反馈比较控制方式的不同，伺服系统可分为数字脉冲比较伺服系统、相位比较伺服系统、相位比较伺服系统、幅值比较伺服系统和全数字伺服系统。

1) 数字脉冲比较伺服系统

数字脉冲比较伺服系统是闭环伺服系统中的一种控制方式，它将数控装置发出的数字(或脉冲)指令信号与检测装置测得的数字(或脉冲)形式的反馈信号直接进行比较，以获得位置偏差，实现闭环控制。该系统机构简单，容易实现，整机工作稳定，因此得到了广泛应用。

2) 相位比较伺服系统

相位比较伺服系统中位置检测元件采用相位工作方式，指令信号与反馈信号都变成某个载波的相位，通过相位比较来获得实际位置与指令位置的偏差实现闭环控制。

该系统适用于感应式检测元件(如旋转变压器、感应同步器)的工作状态，同时由于载波频率高、响应快，抗干扰能力强，因此特别适用于连续控制的伺服系统。

3) 幅值比较伺服系统

幅值比较伺服系统是以位置检测信号的幅值大小来反映机械位移的数值，并以此信号作为位置反馈信号，与指令信号进行比较获得位置偏差信号构成闭环控制。

上述三种伺服系统中，相位比较伺服系统和幅值比较伺服系统的结构与安装都比较复杂，因此一般情况下选用数字脉冲比较伺服系统，同时相位比较伺服系统较幅值比较伺服系统应用得广泛一些。

4) 全数字伺服系统

随着微电子技术、计算机技术和伺服控制技术的发展，数控机床的伺服系统已开始采用高速、高精度的全数字伺服系统，使伺服控制技术从模拟方式、混合方式走向全数字方式。其由位置、速度和电流构成的三环反馈全部数字化，软件处理数字 PID，柔性好，使用灵活。全数字控制使伺服系统的控制精度和控制品质大大提高。

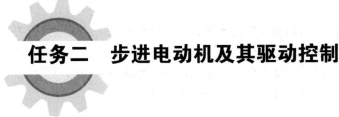

任务二 步进电动机及其驱动控制

步进电动机是一种用电脉冲信号进行控制，并将此信号转换成相应的角位移或线位移的控制电动机。步进电动机的转速不受电压波动和负载变化的影响，不受环境条件(温度、压力、冲击和振动等)的限制，仅与脉冲频率同步；能按控制脉冲的要求立即启动、停止、反转或改变转速，而且每一转都有固定的步数；在不失步的情况下运行时，步距误差不会长期积累。因此，步进电动机在开环控制系统中应用很广泛。

步进电动机作为数控机床的进给驱动装置，一般采用开环的控制结构。数控系统发出的指令脉冲通过步进电动机驱动器(也称为步进电动机驱动电源)，使步进电动机产生角位移，并通过齿轮和丝杠带动工作台移动。步进电动机的最高转速通常均比直流伺服电动机和交流伺服电动机低，且在低速运转时容易产生振动，影响数控机床的加工精度。但步进电动机伺服驱动系统的制造与控制比较容易，在速度和精度要求不太高的场合有一定的使用价值，同时步进电动机细分技术的应用，使步进电动机开环伺服驱动系统的定位精度显著提高，并可有效地降低步进电动机的低速振动，从而使步进电动机伺服驱动系统得到更加广泛的应用。开环控制系统控制简单、价格低廉，但精度低，故其可靠性和稳定性难以保证，一般适用于机床改造和经济型数控机床。

一、步进电动机的基本类型

步进电动机的种类繁多，通常使用以下三种。

1) 永磁式步进电动机

永磁式步进电动机是一种由永磁体建立激磁磁场的步进电动机，也称为永磁转子型步进电动机，有单定子结构和两定子结构两种类型。其缺点是步距大，启动频率低；优点是控制功率小，在断电情况下有定位转矩。这种步进电动机从理论上讲可以制成多相，而实际上则以一相或两相为主，也有制成三相的。

2) 反应式步进电动机

反应式步进电动机是一种定、转子磁场均由软磁材料制成，只有控制绕组，基于磁导的变化产生反应转矩的步进电动机，因此在有的国家它又被称为变磁阻步进电动机。反应式步进电动机的结构按绕组的排序可分为径向分相和轴向分相。而轴向分相又有两种类型：磁通路径为径向(和径向分相结构的磁路相同)和磁通路径为轴向。按铁芯分段有单段式和多段式。

反应式步进电动机的步距角与转子的齿数和相数(或拍数)成反比，转子齿越多，相数越多，则步距角越小。因此，根据所要求的步距角的大小，反应式步进电动机有两相、三相、四相、五相和六相，乃至更多相。这种步进电动机结构简单且经久耐用，是目前应用最为普遍的一种步进电动机。

3) 永磁感应式步进电动机

永磁感应式步进电动机的定子结构与反应式步进电动机的相同，而转子由环形磁钢和两段铁芯组成。这种步进电动机与反应式步进电动机一样，可以使其具有小步距和较高的启动频率，同时又有永磁式步进电动机控制功率小的优点。其缺点是由于采用的磁钢分成两段，致使制造工艺和结构比反应式步进电动机复杂。

经过比较可以看出，永磁式和反应式两种步进电动机结构上的共同点在于定、转子间仅有磁联系。不同点在于永磁式步进电动机的转子用永久磁钢制成，或具有通过滑环供以直流电激磁的特殊绕组，一般不超过三相。反应式步进电动机的转子无绕组，由软磁材料制成且有齿，可以根据需要做成多相。

多相控制绕组放置在定子上，它可以嵌在一个定子上为单定子结构，或嵌在几个定子上组成多定子结构。

二、步进电动机的工作原理

反应式步进电动机是应用最为普遍的一种步进电动机。下面以反应式步进电动机为例，来分析说明步进电动机的工作原理。

图 4-8 所示为三相反应式步进电动机的工作原理。在定子上有六个磁极，分别绕有 A、B、C 三相绕组，构成三对磁极，转子上有四个齿。当定子绕组按顺序轮流通电时，A、B、C 三对磁极就依次产生磁场，对转子上的齿产生电磁转矩，并吸引它，使它一步一步地转动。具体过程如下：

当 A 相通电时，转子的 1 号、3 号两齿在磁场力的作用下与 A、A 磁极对齐。此时，转子的 2 号、4 号齿和 B 相、C 相绕组磁极形成错齿状。当 A 相断电而 B 相通电时，新磁场力又吸引转子 2 号、4 号两齿与 B、B 磁极对齐，转子顺时针转动 30°。如果控制线路不断地按 A→B→C→A…的顺序控制步进电动机绕组的通、断电，步进电动机的转子便会不停地顺时针转动。很明显，A、B、C 三相轮流通电一次，转子的齿转动了一个齿距(360°÷4=90°)。

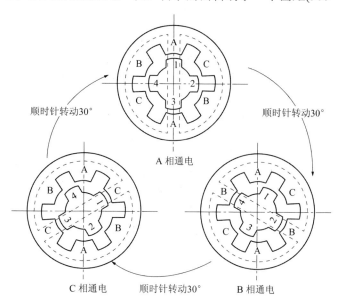

图 4-8　三相反应式步进电动机的工作原理

　　若图 4-8 所示的通电顺序变成 A→C→B→A…，同理可知，步进电动机的转子将逆时针不停地转动。上述的这种通电方式称为三相单三拍。"拍"是指从一种通电状态转变为另一种通电状态；"单"是指每次只有一相绕组通电；"三拍"是指一个循环中，通电状态切换的次数是三次。

　　此外，还有一种三相六拍的通电方式，它是按照 A→AB→B→BC→C→CA→A…的顺序通电。若以三相六拍的通电方式工作，当 A 相断电而 A、B 相同时通电时，转子的齿将同时受到 A 相和 B 相绕组产生的磁场的共同吸引力，转子的齿只能停在 A 相和 B 相磁极间；当 A、B 相同时断电而 B 相通电时，转子上的齿沿顺时针转动，并与 B 相磁极齿对齐，其余以此类推。这样步进电动机转动一个齿距，需要六拍操作。

　　对于一台步进电动机，运行 k 拍可使转子转动一个齿距位置。通常，将步进电动机每一拍执行一次步进，其转子所转过的角度称为步距角。如果转子的齿数为 z，则步距角 α 为

$$\alpha = \frac{360°}{zk}$$

式中：k——步进电动机的工作拍数；

　　　　z——步进电动机的齿数。

　　综上所述，可以得到如下结论：

　　(1) 步进电动机定子绕组的通电状态每改变一次，它的转子便转过一个确定的角度，即步距角 α。

　　(2) 改变步进电动机定子绕组的通电顺序，转子的旋转方向也随之改变。

　　(3) 步进电动机定子绕组通电状态的改变速度越快，其转子旋转的速度也越快，即通电状态的变化频率越高，转子的转速也越高。

　　上述讨论的步进电动机，其步距角都比较大，而步进电动机的步距角越小，意味着它所能达到的位置精度越高，所以在实际应用中都采用小步距角，常采用图 4-9 所示的实际结构。

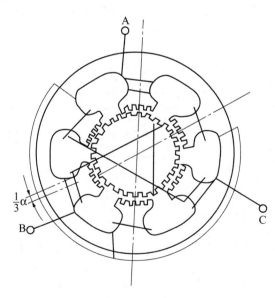

图 4-9　定子与转子的磁极

电动机定子有三对六个磁极，每对磁极上有一个励磁绕组，每个磁极上均匀开着五个齿槽，齿距角为 9°。转子上没有线圈，沿着圆周均匀分布了 40 个齿槽，齿距角也为 9°。定子和转子均由硅钢片叠成。定子上的三相磁极不等距，错开 1/3 的齿距，即有 3°的位移。这就使 A 相定子的齿槽与转子齿槽对准时，B 相定子齿槽与转子齿槽相错 1/3 齿距；C 相的定子齿槽与转子齿槽相错 2/3 齿距。这样才能在连续改变通电状态下，获得连续不断的步进运动。此时，如步进电动机工作在三拍状态，它的步距角为

$$\alpha = \frac{360^\circ}{3 \times 40} = 3^\circ$$

若工作在六拍状态，则步距角为

$$\alpha = \frac{360^\circ}{6 \times 40} = 1.5^\circ$$

若步进电动机通电的脉冲频率为 f，则步进电动机的转速 n 为

$$n = \frac{60f}{zk}$$

三、步进电动机的控制方法

步进电动机的运行特性不仅与步进电动机本身的负载有关，还与配套使用的驱动控制装置有着十分密切的关系。步进电动机驱动控制装置的作用是将数控机床控制系统送来的脉冲信号和方向信号按要求的配电方式自动地循环给步进电动机的各相绕组，以驱动步进电动机转子正、反向旋转。它由环形脉冲分配器、步进电动机驱动器等组成。

1. 环形脉冲分配器

由步进电动机的工作原理可知，要使电动机正常地一步一步地运行，控制脉冲必须按一定的顺序分别供给电动机各相，例如三相单拍驱动方式，供给脉冲的顺序为 A→B→C→A…或 A→C→B→A…，称为环形脉冲分配。脉冲分配有两种方式：一种是硬件脉冲分配(或称为脉冲分配器)；另一种是软件脉冲分配，是由计算机的软件完成的。

1) 硬件环形分配器

图 4-10 所示为硬件环形分配器与数控装置的连接。图中环形脉冲分配器的输入 / 输出信号一般为 TTL 电平，若输出信号为高电平，则表示相应的绕组通电，反之则失电。CLK 为数控装置所发脉冲信号，每个脉冲信号的上升沿或下降沿到来时，即改变一次绕组的通电状态；DIR 为数控装置发出的方向信号，其电平的高低即对应电动机绕组通电顺序的改变(转向的改变)；FULL / HALF 用于控制电动机的整步或半步(三拍或六拍)运行方式，一般情况下，根据需要将其接在固定电平上即可。

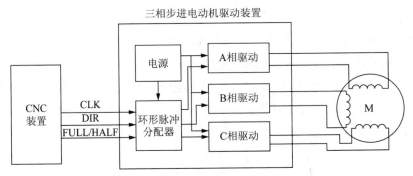

图 4-10　硬件环形分配器与数控装置的连接

硬件环形分器是一种特殊的可逆循环计数器，可以由门电路及逻辑电路构成。按其电路构成的不同，可分为 TTL 脉冲分配器和 CMOS 脉冲分配器。

2) 软件环形分配器

图 4-11 所示为软件环形分配器与数控装置的连接。由图可知，软件环形分配器是由 CNC 装置中的计算机软件完成的，即 CNC 装置直接控制步进电动机各绕组的通、断电。针对不同种类、不同相数、不同通电方式的步进电动机，用软件环形分配器编制不同的程序，将其存入 CNC 装置的 EPROM 中即可。

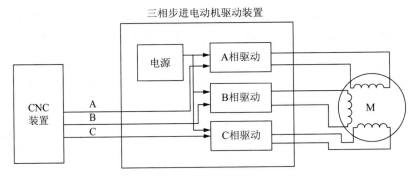

图 4-11　软件环形分配器与数控装置的连接

采用软件进行脉冲分配，虽然增加了软件编程，但它省去了硬件环形脉冲分配器，系统减少了器件，降低了成本，也提高了系统的可靠性。

2. 步进电动机驱动器及应用

随着步进电动机在各方面的广泛应用，步进电动机的驱动装置也从分立元件电路发展到集成元件电路，目前已研制出系列化、模块化的步进电动机驱动器。虽然各生产厂家的驱动器标准不统一，但其接口定义基本相同。只要了解接口中接线端子、标准接口及拨动开关的定义和使用，即可利用驱动器构成步进电动机控制系统。下面以上海开通数控有限公司 KT350 系列混合式步进电动机驱动器为例加以介绍。

图 4-12 所示为 KT350 步进电动机驱动器的外形及接口。其中，接线端子排 A、$\overline{A}$、B、$\overline{B}$、C、$\overline{C}$、D、$\overline{D}$、E、$\overline{E}$ 接至电动机的各相；AC 为电源进线，用于接 50 Hz、80 V 的交流电源，端子 G 用于接地；连接器 CN1 为一个 9 芯连接器，可与控制装置连接。RPW、CP 为两个 LED 指示灯；SW 是一个四位拨动开关，用于设置步进电动机的控制方式。

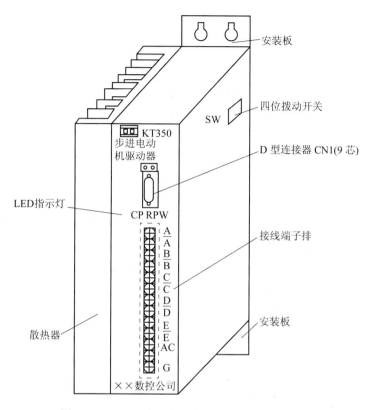

图 4-12　KT350 步进电动机驱动器的外形及接口

　　图 4-13 所示为四位拨动开关示意图。其中，第 1 位用于脉冲控制模式的选择，OFF 位置为单脉冲控制方式，ON 位置为双脉冲控制方式；第 2 位用于运行方向的选择(仅在单脉冲方式时有效)，OFF 位置为标准运行，ON 位置为单方向运行；第 3 位用于整／半步运行模式选择，在 OFF 位置时，电动机以半步方式运行，在 ON 位置时，电动机以整步方式运行；第 4 位用于运行状态控制，在 OFF 位置时，驱动器接收外部脉冲控制运行，在 ON 位置时，自动试机运行(不需要外部脉冲)。

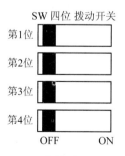

图 4-13　四位拨动开关示意图

任务三　数控机床的位置检测装置

位置检测装置用于检测位移(线位移或角位移)和速度,发送反馈信号至数控装置,构成伺服系统的闭环或半闭环控制,使工作台按照指令的路径精确地移动,其精度决定了加工精度的大小。位置检测装置的种类根据控制系统的不同而有所不同。

检测装置的介绍、作用和分类

在半闭环控制系统的数控机床中,常用的位置检测装置有旋转变压器、编码器,一般安装在电动机或丝杠上,测量电动机或丝杠的角位移,间接地测量了工作台的直线位移。在闭环控制系统的数控机床中,常用的位置检测装置有感应同步器、光栅、磁栅等,一般安装在工作台和导轨上,直接测量工作台的直线位移。

位置检测装置的系统精度是指在一定长度或转角范围内测量累积误差的最大值。位置检测装置的分辨率是指位置检测系统能够测量的最小位移量。

在数控机床设备上选用位置检测装置时,往往需要考虑以下几个方面的需求:

(1) 受温度、湿度的影响小,工作可靠,抗干扰能力强。

(2) 在机床移动的范围内满足精度和速度的要求。

(3) 使用维护方便,适合数控机床运行环境。

(4) 成本低。

(5) 易于实现高速的动态测量。

将位置检测装置进行分类,如表 4-1 所示。

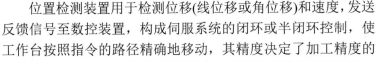

表 4-1　位置检测装置的分类

类型	数字式增量式	数字式绝对式	模拟式增量式	模拟式绝对式
回转型	增量式脉冲编码器 圆光栅	绝对式脉冲编码器	旋转变压器圆感应同步器圆磁尺	多级旋转变压器
直线型	计量光栅激光干涉仪	多通道透射光栅	直线感应同步器磁尺	绝对值式磁尺

不同类型的数控机床,因工作条件和检测要求的不同,可采用不同的检测方式。

1. 增量式与绝对式

1) 增量式测量方式

用增量式测量方式测量位移增量,移动一个测量单位就发出一个测量信号。

优点:检测装置较简单,任何一个对中点均可作为测量起点,轮廓控制常采用此方式。

缺点：对测量信号计数后才能读出移距，一旦计数有误，此后的测量结果将全错。发生故障时(如断电、断刀等)，不能再找到事故前的正确位置，必须将工作台移至起点重新计数。

2) 绝对式测量方式

绝对式测量方式中，被测量的任一点的位置都以一个固定的零点作基准，每一被测点都有一个相应的对零点的测量值。其避免了增量式检测方式的缺陷，但其结构较为复杂。

2. 数字式与模拟式

1) 数字式测量方式

将被测量单位量化后以数字形式表示，测量信号一般为电脉冲，可直接把它送到数控装置进行比较、处理。采用数字式测量方式的主要特点如下：

(1) 被测量量化后转换成脉冲个数，便于显示和处理。

(2) 测量精度取决于测量单位，与量程基本无关(存在累加误差)。

(3) 检测装置较简单，脉冲信号抗干扰能力强。

2) 模拟式测量方式

将被测量用连续的变量来表示，如用相位变化、电压变化来表示，主要用于小量程测量。采用模拟式测量方式的主要特点如下：

(1) 直接对被测量进行检测，无须量化。

(2) 在小量程内可以实现高精度测量。

(3) 可用于直接检测和间接检测。

3. 直接测量与间接测量

1) 直接测量

对机床的直线位移采用直线型检测装置测量，称为直接检测。测量精度主要取决于测量元件的精度，不受机床传动精度的影响。但检测装置要与行程等长，对大型数控机床来说，这是一个很大的限制。

2) 间接测量

对机床的直线位移采用回转型检测元件测量，称为间接测量。

优点：使用可靠方便，无长度限制。

缺点：在检测信号中加入了直线运动转变为旋转运动的传动链误差，影响检测精度。因此为了提高定位精度，常常需要对机床的传动误差进行补偿。

一、感应同步器

1. 感应同步器的结构

感应同步器是一种电磁感应式的高精度位移检测装置，如图 4-14 所示。实际上它是多极旋转变压器的展开形式。感应同步器分旋转式和直线式两种。旋转式感应同步器用于角度测量，直线式感应同步器用于长度测量，两者的工作原理相同。

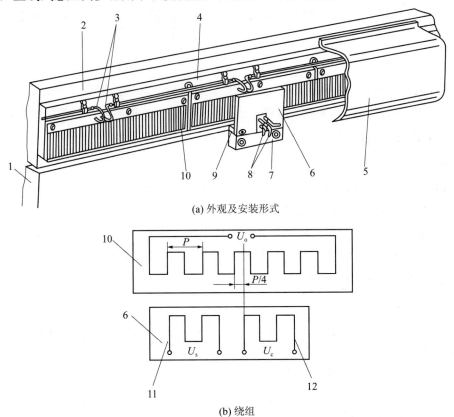

(a) 外观及安装形式

(b) 绕组

1—固定部件(床身)；2—运动部件(工作台或刀架)；3—定尺绕组引线；4—定尺座；5—防护罩；

6—滑尺；7—滑尺座；8—滑尺绕组引线；9—调整垫；10—定尺；11—正弦励磁绕组；12—余弦励磁绕组。

图 4-14　直线感应同步器

　　直线感应同步器由定尺和滑尺两部分组成。定尺与滑尺之间有均匀的气隙，在定尺表面制有连续平面绕组，绕组节距为 P。滑尺表面制有两段分段绕组：正弦绕组和余弦绕组。它们相对于定尺绕组在空间错开 1/4 节距(1/4P)。

　　定尺和滑尺的基板采用与机床床身材料热膨胀系数相近的钢板制成。经精密的照相腐蚀工艺制成印刷绕组。再在尺子的表面上涂一层保护层。滑尺的表面有时还贴上一层带绝缘的铝箔，以防静电感应。

2. 感应同步器的工作原理

　　感应同步器的工作原理与旋转变压器的基本一致。使用时，在滑尺绕组通以一定频率的交流电压，由于电磁感应，在定尺的绕组中产生了感应电压，其幅值和相位决定于定尺和滑尺的相对位置。图 4-15 所示为滑尺在不同的位置时定尺上的感应电压。当定尺与滑尺重合时，如图中的 a 点，此时的感应电压最大。当滑尺相对于定尺平行移动后，其感应电压逐渐变小。在错开 1/4 节距的 b 点，感应电压为零。依此类推，在 1/2 节距的 c 点，感应电压幅值与 a 点相同，极性相反；在 3/4 节距的 d 点，感应电压又变为零。当移动到一个节距的 e 点时，电压幅值与 a 点相同。这样，滑尺在移动一个节距的过程中，感应电压变化了一个余弦波形。滑尺每移动一个节距，感应电压就变化一个周期。

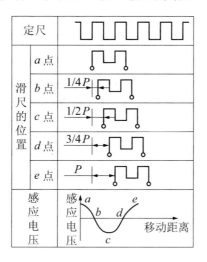

图 4-15　感应同步器的工作原理

按照供给滑尺两个正交绕组励磁信号的不同，感应同步器的测量方式分为鉴相式和鉴幅式两种。

1) 鉴相式

在这种工作方式下，给滑尺的正弦绕组和余弦绕组分别通以幅值相等、频率相同、相位相差 90° 的交流电压：

$$U_s = U_m \sin \omega t$$
$$U_c = U_m \cos \omega t$$

励磁信号将在空间产生一个以 ω 为频率移动的行波。磁场切割定尺导片，并产生感应电压，该电势随着定尺与滑尺相对位置的不同而产生超前或滞后的相位差 θ。根据线性叠加原理，在定尺上的工作绕组中的感应电压为

$$\begin{aligned}U_0 &= nU_s \cos\theta - nU_c \sin\theta \\ &= nU_m (\sin\omega t \cos\theta - \cos\omega t \sin\theta) \\ &= nU_m \sin(\omega t - \theta)\end{aligned}$$

式中：ω——励磁角频率；

　　　n——电磁耦合系数；

　　　θ——滑尺绕组相对于定尺绕组的空间相位角，$\theta = \dfrac{2\pi x}{P}$。

可见，在一个节距内 θ 与 x 是一一对应的，通过测量定尺感应电压的相位 θ，可以测量定尺对滑尺的位移 x。数控机床的闭环系统采用鉴相系统时，指令信号的相位角 θ_1 由数控装置发出，由 θ 和 θ_1 的差值控制数控机床的伺服驱动机构。当定尺和滑尺之间产生了相对运动，定尺上的感应电压的相位发生变化，其值为 θ。当 $\theta \neq \theta_1$ 时，使机床伺服系统带动机床工作

台移动。当滑尺与定尺的相对位置达到指令要求值时，即 $\theta = \theta_1$，工作台停止移动。

2) 鉴幅式

给滑尺的正弦绕组和余弦绕组分别通以频率相同、相位相同、幅值不同的交流电压：

$$U_s = U_m \sin\theta_{电} \sin\omega t$$
$$U_c = U_m \cos\theta_{电} \sin\omega t$$

若滑尺相对于定尺移动一个距离 x，其对应的相移为

$$\theta_{机} = \frac{2\pi x}{P}$$

根据线性叠加原理，在定尺上工作绕组中的感应电压为

$$
\begin{aligned}
U_0 &= nU_s \cos\theta_{机} - nU_c \sin\theta_{机} \\
&= nU_m \sin\omega t(\sin\theta_{电}\cos\theta_{机} - \cos\theta_{电}\sin\theta_{机}) \\
&= nU_m \sin(\theta_{机} - \theta_{电})\sin\omega t
\end{aligned}
$$

由以上叙述可知，若电气角 $\theta_{电}$ 已知，只要测出 U_0 的幅值 $nU_m \sin(\theta_{机} - \theta_{电})$ 便可以间接地求出 $\theta_{机}$。若 $\theta_{电} = \theta_{机}$，则 $U_0 = 0$，说明电气角 $\theta_{电}$ 的大小就是被测角位移 $\theta_{机}$ 的大小。采用鉴幅工作方式时，不断调整 $\theta_{电}$，让感应电压的幅值为零，用 $\theta_{电}$ 代替对 $\theta_{机}$ 的测量，$\theta_{电}$ 可通过具体电子线路测得。

定尺上的感应电压的幅值随指令给定的位移量 $x_1 \left(\theta_{电}\right)$ 与工作台的实际位移 $x\left(\theta_{机}\right)$ 的差值按正弦规律变化。鉴幅型系统用于数控机床闭环系统中，当工作台未达到指令要求值时，即 $x \neq x_1$，定尺上的感应电压 $U_0 \neq 0$。该电压经过检波放大后控制伺服执行机构带动机床工作台移动。当工作台移动到 $x = x_1\left(\theta_{电} = \theta_{机}\right)$ 时，定尺上的感应电压 $U_0 = 0$，工作台停止运动。

3. 感应同步器的特点

(1) 精度高。感应同步器的极对数多，由于平均效应测量精度要比制造精度高，且输出信号是由定尺和滑尺之间相对移动产生的，中间无机械转换环节，故其精度高。另外，定尺的节距误差有平均补偿作用，定尺本身的精度能做得很高，其精度可以达到 ± 0.001 mm，重复精度可达 0.002 mm。

(2) 工作可靠，抗干扰能力强。在感应同步器绕组的每个周期内，测量信号与绝对位置有一一对应的单值关系，不受干扰的影响。

(3) 工艺性好，成本较低，便于复制和成批生产。

(4) 维护简单，寿命长。感应同步器的定尺和滑尺互不接触，因此互不摩擦、磨损，

不怕灰尘、油污及冲击振动。因为是电磁耦合器件，所以不需要光源、光电器件，不存在元件老化及光学系统故障。

4. 感应同步器的安装、调试

(1) 感应同步器由定尺组件、滑尺组件两部分组成。定尺和滑尺组件分别由尺身和尺座组成，它们分别装在机床的不动和可动部件上。

(2) 感应同步器在安装时必须保持两尺平行，两尺平面间的间隙为 $0.25\pm(0.025\sim0.1)$ mm。倾斜度小于 $0.5°$，装配面波纹度在 0.01 mm / 250 mm 以内。滑尺移动时，晃动的间隙及不平行度误差的变化小于 0.1 mm。

(3) 感应同步器大多装在容易被切屑和切削液浸入的地方，必须注意防护，否则会使绕组刮伤或短路，使装置发生误动作及损坏。

(4) 同步回路中的阻抗和励磁电压不对称及励磁电流失真度超过 2%，将对检测精度产生影响，因此在调整系统时，应加以注意。

(5) 当在整个测量长度上采用几个长度为 250 mm 的标准定尺时，要注意定尺与定尺之间的绕组连接。当少于 10 根定尺时，将各绕组串联连接。当多于 10 根定尺时，先将各绕组分成两组串联，然后再将两组并联起来，使定尺绕组阻抗不致太高。为保证各定尺之间的连接精度，可以用示波器调整电气角度的方法或激光的方法来调整安装精度。

(6) 感应同步器的输出信号较弱且阻抗较低，因此要十分重视信号的传输。首先，要在定尺附近安装前置放大器，使定尺输出信号到前置放大器之间的距离尽可能短；其次，传输线要采用专用屏蔽电缆，以防止干扰信号。

二、脉冲编码器

1. 脉冲编码器的结构

脉冲编码器是一种旋转式脉冲发生器，把机械转角转化为脉冲。它是数控机床上应用广泛的位置检测装置。同时，它也作为速度检测装置用于速度检测。数控机床上常用的是光电式编码器。

常用的增量式旋转编码器为增量式光电编码器，如图 4-16 所示。

光电编码器由 LED、光栅板、光电码盘、光敏元件及信号处理电路组成。其中，光电码盘是在一块玻璃圆盘上镀上一层不透光的金属薄膜，然后在上面制成圆周等距的透光与不透光相间的条纹，光栅板上具有和光电码盘上相同的透光条纹。当光电码盘旋转时，光线通过光栅板和光电码盘产生明暗相间的变化，由光敏元件接收。光敏元件将光信号转换成电脉冲信号。光电编码器的测量精度取决于能分辨的最小角度，而这与光电码盘圆周的条纹数有关，即分辨角，如条纹数为 1024，则分辨角 $=360°\div1024=0.352°$。实际应用的光电编码器的光栅板上有两组条纹 A 和 B，A 组和 B 组的条纹彼此错开 1/4 节距，两组条纹相对应的光敏元件所产生的信号相位彼此相差 $90°$，用于辨向。当光电码盘正转时，A 信号超前 B 信号 $90°$，当光电码盘反转时，B 信号超前 A 信号 $90°$。数控系统正是利用这一相位关系来判断方向的。

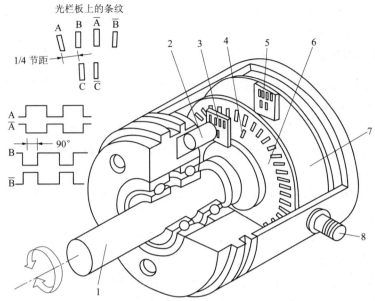

1—转轴；2—LED；3—光栅板；4—零标志槽；5—光敏元件；
6—光电码盘；7—印制电路板；8—电源及信号线连接座。

图 4-16　增量式光电编码器结构示意图

2. 脉冲编码器的工作原理

当圆光栅旋转时，光线透过两个光栅的线纹部分，形成明暗条纹。光电元件接收这些明暗相间的光信号，转换为交替变化的电信号，该信号为两组近似于正弦波的电流信号 A 和 B(图 4-17)，A 和 B 信号的相位相差 90°。经放大整形后变成方波形成两个光栅的信号。光电编码器还有一个"一转脉冲"，称为 Z 相脉冲，每转产生一个，用来产生机床的基准点。

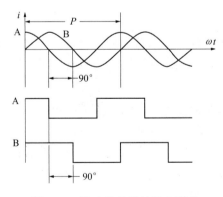

图 4-17　脉冲编码器的输出波形

脉冲编码器输出信号有 A、$\overline{A}$、B、$\overline{B}$、Z、$\overline{Z}$ 等信号，这些信号作为位移测量脉冲及经过频率/电压变换作为速度反馈信号，进行速度调节。

三、绝对式编码器

增量式编码器只能进行相对测量，一旦在测量过程中出现计数错误，在以后的测量中会出现计数误差。而绝对式编码器克服了此缺点。

1. 绝对式编码器的种类

绝对式编码器是一种直接编码和直接测量的检测装置，它能指示绝对位置，没有累积误差。即使电源切断后位置信息也不丢失。常用的编码器有编码盘和编码尺，统称位码盘。

从编码器使用的计数制来分类，有二进制编码、二进制循环码、二-十进制码等编码器。从结构原理来分类，有接触式、光电式和电磁式等。常用的是光电式二进制循环码编码器。

2. 绝对式编码器的工作原理

图 4-18(b)所示为 4 位 BCD 码盘。它在一个不导电基体上做成许多金属区使其导电，其中涂黑部分为导电区，用"1"表示，其他部分为绝缘区，用"0"表示。这样，在每一个径向上，都有由"1""0"组成的二进制代码。最里面的一圈是公用的，它和各码道所有导电部分连在一起，经电刷和电阻接电源正极。除公用圈以外，4 位 BCD 码盘的 4 圈码道上也都装有电刷，电刷经电阻接地，电刷布置如图 4-18(a)所示。由于码盘是与被测轴连在一起的，而电刷位置是固定的，因此当码盘随被测轴一起转动时，电刷和码盘的位置发生相对变化，若电刷接触的是导电区，则经电刷、码盘、电阻和电源形成回路，电阻上有电流流过，为"1"。反之，若电刷接触的是绝缘区，则不能形成回路，电阻上无电流流过，为"0"。由此可根据电刷的位置得到由"1""0"组成的 4 位 BCD 码。通过图 4-18(b)可看出电刷位置与输出代码的对应关系。码道的圈数就是二进制的位数，且高位在内，低位在外。由此可以推断出，若是 n 位二进制码盘，就有 n 圈码道，且圆周均为 2^n 等分，即共有 2^n 个数据来分别表示其不同位置，所能分辨的角度为

$$\alpha = 360° / 2^n$$

$$分辨率 = 1 / 2^n$$

显然，位数 n 越大，所能分辨的角度越小，测量精度就越高。

图 4-18(c)所示为 4 位格雷码盘，其特点是任何两个相邻数码间只有一位是变化的，可消除非单值性误差。

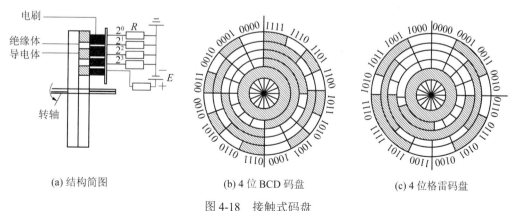

(a) 结构简图 (b) 4 位 BCD 码盘 (c) 4 位格雷码盘

图 4-18　接触式码盘

3. 旋转编码器的特点

增量式旋转编码器只在旋转期间输出和旋转相对应脉冲的形式，在静止状态下不输出。因此要另用计数器计算输出脉冲数，根据计数来检测旋转量。

绝对式旋转编码器可直接将被测角用数字代码表示出来，且每一个角度位置均有对应

的测量代码，因此这种测量方式即使断电也能读出被测轴的角度位置。

四、光栅

由大量等宽等间距的平行狭缝构成的光学器件称为光栅 (grating)。一般常用的光栅是在玻璃片上刻出大量平行刻痕制成，刻痕为不透光部分，两刻痕之间的光滑部分可以透光，相当于一狭缝。

在高精度的数控机床上，可以使用光栅作为位置检测装置，将机械位移转换为数字脉冲，反馈给 CNC 装置，实现闭环控制。由于激光技术的发展，光栅制作精度得到很大提高，现在光栅精度可达微米级，再通过细分电路可以做到 0.1 μm 甚至更高的分辨率。

1. 光栅的种类

(1) 根据形状分，光栅可分为圆光栅和长光栅。长光栅主要用于测量直线位移，圆光栅主要用于测量角位移。

用圆光栅做成的编码器，能够确定坐标的角度位置，因此其被用在光电经纬仪、雷达和高炮指挥仪上。

(2) 根据光线在光栅中是反射还是透射分，光栅可为透射光栅和反射光栅。透射光栅的基体为光学玻璃。光源可以垂直射入，光电元件直接接收光照，信号幅值大。光栅每毫米中的线纹多，可达 200 线/mm(0.005 mm)，精度高。但是由于玻璃易碎，热膨胀系数与机床的金属部件不一致，影响精度，故不能做得太长。反射光栅的基体为不锈钢带(通过照相、腐蚀、刻线)，反射光栅和机床金属部件一致，可以做得很长。但是反射光栅每毫米内的线纹不能太多。线纹密度一般为 25～50 线/mm。

2. 光栅的结构和工作原理

光栅是由标尺光栅和光栅读数头两部分组成。标尺光栅一般固定在数控机床的活动部件(如工作台)上。光栅读数头安装在机床固定部件上。指示光栅安装在光栅读数头中。标尺光栅和指示光栅的平行度及二者之间的间隙(0.05～0.1 mm)要严格保证。当光栅读数头相对于标尺光栅移动时，指示光栅便在标尺光栅上相对移动。

光栅读数头又叫光电转换器，它把光栅莫尔条纹变成电信号。图 4-19 所示为垂直入射读数头。读数头由光源、透镜、指示光栅、光电元件和驱动线路等组成。

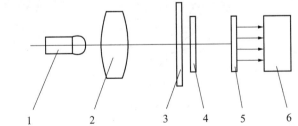

1—光源；2—透镜；3—标尺光栅；4—指示光栅；5—光电元件；6—驱动线路。

图 4-19　光栅读数头

莫尔条纹现象的产生是指当指示光栅上的线纹和标尺光栅上的线纹呈一小角度 θ 放置时，造成两光栅尺上的线纹交叉。在光源的照射下，交叉点附近的小区域内黑线重叠形成明暗相间的条纹，这种条纹称为莫尔条纹。莫尔条纹与光栅的线纹几乎呈垂直方向排列 (图 4-20)。

莫尔条纹的特点如下：

(1) 当用平行光束照射光栅时，莫尔条纹由亮带到暗带，再由暗带到亮带的透过光的强度近似于正(余)弦函数。

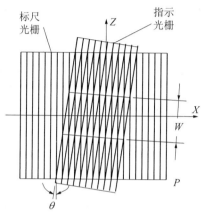

图 4-20　光栅的莫尔条纹

(2) 起放大作用。用 W 表示莫尔条纹的宽度，P 表示栅距，θ 表示光栅线纹之间的夹角，则

$$W = \frac{P}{\sin \theta}$$

由于 θ 很小，$\sin \theta \approx \theta$，则

$$W \approx \frac{P}{\theta}$$

(3) 起平均误差作用。莫尔条纹是由若干光栅线纹干涉形成的，这样栅距之间的相邻误差被平均化了，消除了栅距不均匀造成的误差。

(4) 莫尔条纹的移动与栅距之间的移动成比例。当干涉条纹移动一个栅距时，莫尔条纹也移动一个莫尔条纹宽度 W。若光栅移动方向相反，则莫尔条纹移动的方向也相反。莫尔条纹的移动方向与光栅移动方向相垂直。这样测量光栅水平方向移动的微小距离就用检测垂直方向的宽大的莫尔条纹的变化代替。

3. 直线光栅尺检测装置的辨向原理

莫尔条纹的光强度近似呈正(余)弦曲线变化，光电元件所感应的光电流变化规律近似为正(余)弦曲线。经放大、整形后，形成脉冲，可以作为计数脉冲，直接输入到计算机系统的计数器中计算脉冲数，进行显示和处理。根据脉冲的个数可以确定位移量，根据脉冲的频率可以确定位移速度。

用一个光电传感器只能进行计数，不能辨向。要进行辨向，至少要用两个光电传感器。图 4-21 所示，通过两个狭缝 S_1 和 S_2 的光束分别被两个光电传感器 P_1、P_2 接收。当光栅移动时，莫尔条纹通过两个狭缝的时间不同，波形相同，相位差 90°。至于哪个超前，决定于标尺光栅移动的方向。当标尺光栅向右移动时，莫尔条纹向上移动，缝隙 S_2 的信号输出波形超前 1/4 周期；同理，当标尺光栅向左移动，莫尔条纹向下移动，缝隙 S_1 的输出信号超前 1/4 周期。根据两狭缝输出信号的超前和滞后可以确定标尺光栅的移动方向。

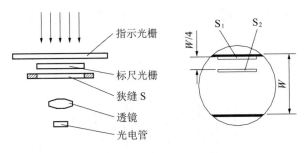

图 4-21 光栅的辨向原理

4. 提高光栅检测分辨精度的细分电路

为了提高光栅检测装置的精度，可以提高刻线精度和增加刻线密度。但是刻线密度大于 200 线/mm 以上的细光栅刻线制造困难，成本高。为了提高精度和降低成本，通常采用倍频的方法来提高光栅的分辨精度，图 4-22 所示为采用四倍频方案的光栅检测电路的工作原理。光栅刻线密度为 50 线/mm，采用 4 个光电元件和 4 个狭缝，每隔 1/4 光栅节距产生一个脉冲，分辨精度可以提高 4 倍，并且可以辨向。

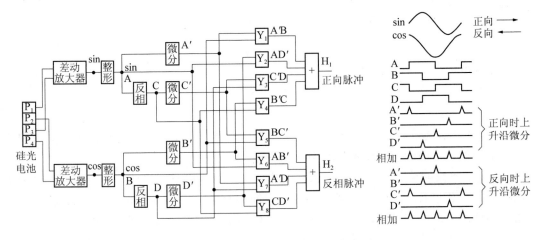

图 4-22 光栅测量装置的四细分电路与波形

当指示光栅和标尺光栅相对运动时，硅光电池接收到正弦波电流信号。这些信号送到差动放大器，再通过整形，使之成为两路正弦及余弦方波。然后经过微分电路获得脉冲。由于脉冲是在方波的上升沿上产生的，为了使 0°、90°、180°、270° 的位置上都得到脉冲，必须把正弦和余弦方波分别反相一次，然后再微分，得到 4 个脉冲。为了辨别正向和反向运动，可以用一些与门把四个方波 sin、-sin、cos 和-cos(即 A、B、C、D)四个脉冲进行逻辑组合。当正向运动时，通过与门 Y1～Y4 及或门 H_1 得到 $A'B + AD' + C'D + B'C$ 四个脉冲的输出。当反向运动时，通过与门 Y5～Y8 及或门 H_2 得到 $BC' + AB' + A'D + C'D$ 四个脉冲的输出。这样虽然光栅栅距为 0.02 mm，但是经过四倍频以后，每一脉冲都相当于 5 μm，分辨精度提高了四倍。此外，也可以采用八倍频、十倍频等其他倍频电路。

五、磁栅

1. 磁栅的结构

磁栅又叫磁尺，是一种高精度的位置检测装置。它由磁性标尺、拾磁磁头和检测电路组成，用拾磁原理进行工作的。首先，用录磁磁头将一定波长的方波或正弦波信号录制在磁性标尺上作为测量基准，检测时根据与磁性标尺有相对位移的拾磁磁头所拾取的信号，对位移进行检测。磁栅可用于长度和角度的测量，精度高、安装调整方便，对使用环境要求较低，如对周围的电磁场的抗干扰能力较强，在油污和粉尘较多的场合使用有较好的稳定性。高精度的磁栅位置检测装置可用于各种精密机床和数控机床。其结构如图 4-23 所示。

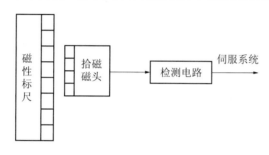

图 4-23　磁栅的结构

1) 磁性标尺

磁性标尺分为磁性标尺基体和磁性膜。磁性标尺基体由非导磁性材料(如玻璃、不锈钢、铜等)制成。磁性膜是一层硬磁性材料(如 Ni-Co-P 或 Fe-Co 合金)，用涂敷、化学沉积或电镀在磁性标尺上，呈薄膜状。磁性膜的厚度为 10～20 μm，均匀地分布在基体上。磁性膜上有录制好的磁波，波长一般为 0.005 mm、0.01 mm、0.2 mm、1 mm 等。为了提高磁性标尺的寿命，一般在磁性膜上均匀涂上一层 1～2 μm 的耐磨塑料保护层。

按磁性标尺基体的形状不同，磁栅可以分为平面实体型磁栅、带状磁栅、线状磁栅和回转型磁栅。前三种磁栅用于直线位移的测量，后一种用于角度测量。磁栅长度一般小于600 mm，测量长距离可以用几根磁栅接长使用。

2) 拾磁磁头

拾磁磁头是一种磁电转换器件，它将磁性标尺上的磁信号检测出来，并转换成电信号。普通录音机上的磁头输出电压幅值与磁通的变化率成正比，属于速度响应型磁头。而由于在数控机床上需要在运动和静止时都要进行位置检测，因此应用在磁栅上的磁头是磁通响应型磁头。它不仅在磁头与磁性标尺之间有一定相对速度时能拾取信号，而且在它们相对静止时也能拾取信号。

2. 磁栅的工作原理

励磁电流在一个周期内两次过零、两次出现峰值。相应的磁开关通断各两次。磁路由通到断的时间内，输出线圈中的交链磁通量由 $\phi_0 \rightarrow 0$；磁路由断到通的时间内，输出线圈中的交链磁通量由 $0 \rightarrow \phi_0$。ϕ_0 是由磁性标尺中的磁信号决定的，由此可见，输出线圈输出的是一个调幅信号：

$$U_{sc} = U_m \cos\left(\frac{2\pi x}{\lambda}\right)\sin \omega t$$

式中：U_{sc}——输出线圈中输出的感应电压；

　　　U_m——输出电势的峰值；

　　　λ——磁性标尺节距；

　　　x——选定某一 N 极作为位移零点，x 为磁头对磁性标尺的位移量；

　　　ω——输出线圈感应电压的幅值，它比励磁电流 i_a 的频率 ω_0 高一倍。

　　由上可见，磁头输出信号的幅值是位移 x 的函数。只要测出 U_{sc} 过零的次数，就可以知道 x 的大小。

　　使用单个磁头的输出信号小，而且对磁性标尺上的磁化信号的节距和波形要求也比较高。实际使用时，将几十个磁头用一定的方式串联，构成多间隙磁头使用。

　　为了辨别磁头的移动方向，通常采用间距为 $(m + 1/4)\lambda$ 的两组磁头 $(\lambda = 1，2，3，\cdots)$，并使两组磁头的励磁电流相位相差 45°，这样两组磁头输出的电势信号相位相差 90°。

　　第一组磁头输出信号如果是

$$U_{sc1} = U_m \cos\left(\frac{2\pi x}{\lambda}\right)\sin \omega t$$

则第二组磁头输出信号是

$$U_{sc2} = U_m \sin\left(\frac{2\pi x}{\lambda}\right)\sin \omega t$$

　　磁栅检测是模拟量测量，必须和检测电路配合才能进行检测。磁栅的检测电路包括磁头激磁电路、拾取信号放大、滤波及辨向电路、细分内插电路、显示及控制电路等各部分。

　　根据检测方法的不同，也可分为幅值检测和相位检测两种。通常，相位测量应用较多。

任务四 直流电动机伺服系统

直流伺服电动机按照励磁方式分为电磁式和永磁式两种。永磁式电动机效率较高且低速时输出转矩较大，目前几乎都采用永磁式电动机。本节以永磁式宽调速直流伺服电动机为例进行分析。

一、直流伺服电动机的结构和工作原理

1. 结构

直流伺服电动机的结构与一般的电动机结构相似，它由定子和转子两大部分组成，定子包括磁极(永磁体)、电刷、机座、机盖等部件；转子通常称为电枢，包括电枢铁芯、电枢绕组、换向器、转轴等部件。此外在转子的尾部装有测速机和旋转变压器(或光电编码器)等检测元件。转子磁场和定子磁场始终产生转矩使转子转动。

永磁式宽调速直流伺服电动机的结构示意图如图 4-24 所示。

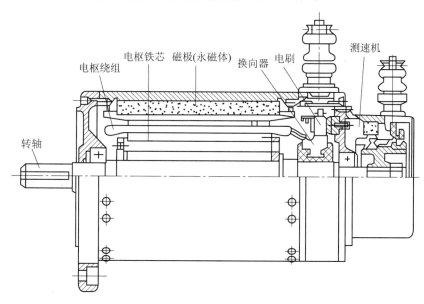

图 4-24 永磁式宽调速直流伺服电动机的结构示意图

2. 工作原理

图 4-25 所示是永磁式宽调速直流伺服电动机的工作原理示意图。若电刷通以图示方向的直流电，则电枢绕组中的任一导体的电流方向如图所示。当转子转动时，由于电刷和换向器的作用，使得 N 极和 S 极下的导体电流方向不变，即原来在 N 极下的导体只要一转过

中性面进入 S 极下的范围，电流就反向；反之，原来在 S 极下的导体只要一过中性面进入
N 极下，电流也马上反向。根据电流在磁场中受到的电磁力方向可知，图中转子受到顺时
针方向力矩的作用，转子沿顺时针方向转动。如果要使转子反转，只需改变电枢绕组的电
流方向，即电枢电压的方向。

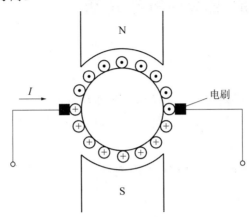

图 4-25   永磁式宽调速直流伺服电动机的工作原理示意图

3. 调速方法

根据直流电动机的机械特性可知，电动机的调速方法有如下三种：

(1) 改变电动机的电枢电压。电动机加以恒定励磁，用改变电枢两端电压 U 的方式来
实现调速控制，这种方法也称为电枢控制。

(2) 改变电动机的磁场大小。电枢加以恒定电压，用改变励磁磁通的方法来实现调速
控制，这种方法也称为磁场控制。

(3) 改变电动机电枢的串联电阻阻值。改变电枢回路电阻 R 来实现调速控制。

对于直流伺服进给电动机，调速主要以电枢电压调速为主，这种调速方式称为恒转矩
调速。在这种调速方式下，电动机的最高工作转速不能超过其额定转速。

二、直流伺服进给驱动控制基础

数控机床直流进给伺服系统多采用永磁式直流伺服电动机作为执行元件，为了与伺服
系统所要求的负载特性相吻合，常采用控制电动机电枢电压的方法来控制输出转矩和转速。
目前，使用最广泛的方法是晶体管脉宽调制器-直流电动机调速(PWM-M)，简称 PWM 变换
器。它具有响应快、效率高、调整范围宽、噪声污染低、结构简单、可靠等优点。

PWM 的基本原理是利用大功率晶体管的开关作用，将恒定的直流电源电压斩成一定频
率的方波电压，并加在直流电动机的电枢上，通过对方波脉冲宽度的控制，改变电枢的平
均电压来控制电动机的转速。图 4-26 所示为 PWM 降压斩波器原理及输出波形。图 4-26(a)
中的晶体管 V 工作在"开"和"关"状态，假定 V 先导通一段时间 t_1，此时全部电压加在
电动机的电枢上(忽略管压降)，然后使 V 关断，时间为 t_2，此时电压全部加在 V 上，电枢
回路的电压为零。反复导通和关闭晶体管 V，得到如图 4-26(b)所示的电压波形。

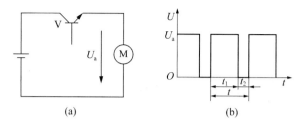

图 4-26　PWM 降压斩波器原理及输出波形

在 $t = t_1 + t_2$ 时间内，加在电动机电枢回路上的平均电压为

$$U_a = \frac{t_1}{t_1 + t_2} U = \alpha U$$

其中：$\alpha = t_1/(t_1 + t_2)$ 为占空比，$0 \leqslant \alpha \leqslant 1$；$U_a$ 的变化范围在 $0 \sim U$ 之间，均为正值，即电动机只能在某一个方向调速，称为不可逆调速。当需要电动机在正、反两个方向上都能调速时，需要使用桥式(H 形)降压斩波电路，如图 4-27 所示。在桥式电路中，V_1、V_4 同时导通、同时关断，V_2、V_3 同时导通、同时关断，但同一桥臂上的晶体管(如 V_1 和 V_3、V_2 和 V_4)不允许同时导通，否则将使直流电源短路。设先使 V_1、V_4 同时导通 t_1 时间后关断，间隔一定的时间后，再使 V_2、V_3 同时导通一段时间 t_2 后关断，如此反复进行，得到输出电压波形如图 4-27(b)所示。

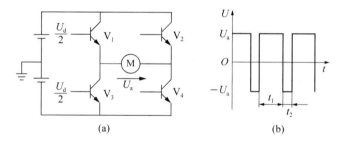

图 4-27　桥式降压斩波器原理及输出波形

电动机上的平均电压为

$$U_a = \frac{t_1 - t_2}{t_1 + t_2} U_d = (2\alpha - 1) U_d$$

当 $0 \leqslant \alpha \leqslant 1$ 时，U_a 的范围是 $-U_d \sim U_d$。因此电动机可以在正、反两个方向上调速。

任务五 交流伺服进给电动机

由于直流伺服电动机具有良好的调速性能，因此长期以来，在要求调速性能较高的场合，直流电动机调速系统一直占据主导地位。但由于其电刷和换向器易磨损，需要经常维护；有时换向器换向时产生火花，电动机的最高速度受到限制；直流伺服电动机结构复杂，制造困难，成本高，所以在使用上受到一定的限制。由于交流伺服电动机无电刷，结构简单，转子的转动惯量较直流电动机小，使得动态响应好，且输出功率较大(较直流电动机提高10%～70%)，因而在数控机床上被广泛应用并有取代直流伺服电动机的趋势。

伺服电机速度控制方式

交流伺服电动机分为交流永磁式伺服电动机和交流感应式伺服电动机。交流永磁式电动机相当于交流同步电动机，其具有硬的机械特性及较宽的调速范围，常用于进给系统；交流感应式电动机相当于交流感应异步电动机，它与同容量的直流电动机相比，重量可轻1/2，价格仅为直流电动机的1/3，常用于主轴伺服系统。

1. 结构

永磁同步交流伺服电动机的结构示意图如图4-28所示。它主要由定子、转子和检测元件组成。定子内侧有齿槽，齿槽内装有三相对称绕组，其结构与普通交流电动机的定子类似。定子上有通风孔，定子的外形多呈多边形，且无外壳以利于散热。转子主要由多块永久磁铁和铁芯组成，这种结构的优点是极数多，气隙磁通密度较高。

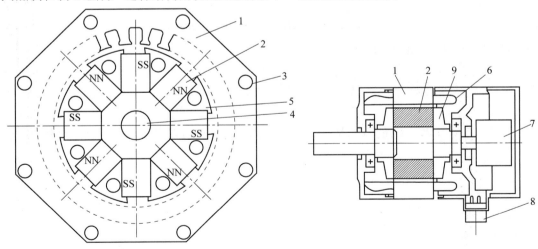

(a) 结构整体示意图 (b) 结构剖面示意图

1—定子；2—永久磁铁；3—轴向通风孔；4—转轴；5—铁芯；
6—定子三相绕组；7—脉冲编码器；8—接线盒；9—压板。

图4-28 永磁同步交流伺服电动机的结构

2. 工作原理

当定子三相绕组中通入三相交流电后，就会在定子与转子间产生一个转速为 n 的旋转磁场，转速 n 称为同步转速。设转子为两极永久磁铁，定子的旋转磁场用一对旋转磁极表示，定子的旋转磁场与转子的永久磁铁的磁力作用使转子跟随旋转磁场转动，如图 4-29 所示。当转子加上负载转矩后，转子轴线将落后定子旋转磁场轴线一个角度 θ。当负载减小时，θ 也减小；当负载增大时，θ 也增大。只要负载不超过一定限度，转子始终跟着定子的旋转磁场以恒定的同步转速 n(r/min)旋转。同步转速为

$$n = 60\frac{f}{p}$$

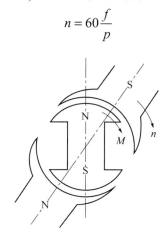

图 4-29　永磁同步交流伺服电动机的工作原理

式中：f——电源频率；

p——磁极对数。

当负载超过一定限度后，转子不再按同步转速旋转，甚至可能不转。这就是同步交流伺服电动机的失步现象，此负载的极限称为最大同步转矩。

交流永磁式伺服电动机和交流感应式伺服电动机相比，两者的旋转机理都是由定子绕组产生旋转磁场使转子运转。不同点是交流永磁式伺服电动机的转速和外加电源频率存在严格的关系，所以电源频率不变时，它的转速是不变的；交流感应式伺服电动机因为需要转速差才能在转子上产生感应磁场，所以电动机的转速比其同步转速小，外加负载越大，转速差越大。旋转磁场的同步转度由交流电的频率来决定：频率低，转速低；频率高，转速高。因此，这两类交流电动机的调速方法主要是用改变供电频率来实现的。

习　　题

1. 按结构与材料的不同，步进电动机可分哪几种？各有什么优缺点？

2. 简述反应式步进电动机的工作原理。

3. 步进电动机的步距角和转速是由什么参数决定的？

4. 环形脉冲分配器的功用是什么？它可以分成哪几类？

5. 步进电动机的功率驱动器四位拨动开关有哪些？

6. 数控机床系统中常用的检测装置有哪些？

7. 设一绝对值型编码盘有 8 个码道，其能分辨的最小角度是多少？

8. 数控机床检测装置的主要要求有哪些？

9. 永磁式直流伺服电动机由哪几部分组成？其转子绕组中导体的电流是通过什么来实现换向？

10. 数控机床直流进给伺服系统通常采用什么方法来实现调速？该调速方法有何特点？

11. 交流伺服电动机有哪几种？数控机床的交流进给伺服系统通常使用何种交流伺服电动机？

12. 同步交流伺服电动机的同步转度与哪些参数有关？

13. 位置比较有哪些方法？与位置检测装置的选择有何关系？

14. 数控机床对伺服系统提出了哪些基本要求？试按这些基本要求，对闭环和开环伺服系统进行综合比较，说明各个系统的应用特点及结构特点。

项目五

数控机床主轴的控制

项目体系图

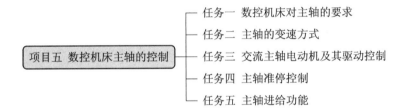

项目五 数控机床主轴的控制
- 任务一 数控机床对主轴的要求
- 任务二 主轴的变速方式
- 任务三 交流主轴电动机及其驱动控制
- 任务四 主轴准停控制
- 任务五 主轴进给功能

项目描述

数控机床主轴驱动可采用直流电动机，也可采用交流电动机。与进给驱动不同的是，主轴电动机的功率要求更大，转速要求更高，但对调速性能的要求却远不如进给驱动那样高。本项目从数控机床对主轴的要求、主轴的变速方式、交流主轴电动机及其驱动控制、主轴准停控制、主轴进给功能五个方面介绍数控机床主轴的控制。

知识目标

掌握数控机床对主轴的要求；熟悉主轴的变速方式；掌握交流主轴电动机及其控制方式；掌握主轴准停控制；了解主轴进给功能。

能力目标

能够掌握主轴各种变速方式及其特点；能够熟练掌握交流电动机的各种控制方式；熟

练使用主轴的准停控制功能。

 教学重点

交流主轴电动机及其控制方式。

 教学难点

各种主轴变速方式及其特点。

任务一　数控机床对主轴的要求

数控机床的主传动
系统及主轴部件

数控机床的主轴传动系统(主传动系统)包括主轴电动机、传动系统和主轴组件。数控机床的主传动系统和进给系统有很大的差别,数控机床进给驱动系统控制机床各坐标的进给运动,而数控机床主传动系统主要是旋转运动,无须丝杠或其他直线运动装置。

与普通机床的主传动系统相比,数控机床主传动系统的结构比较简单,这是因为变速功能全部或大部分由主轴电动机的无级变速来承担,省去了繁杂的齿轮变速结构,有些只有二级或三级齿轮变速系统用以扩大电动机无级调速的范围。

和普通机床一样,数控机床的主运动主要完成切削任务,其所需动力约占整台数控机床动力的 70%~80%,其基本控制包括主轴的正反转、调速及停止。普通机床的主轴一般采用有级变速传动。而数控机床的主轴传动,通常是自动无级变速传动或分段自动无级变速传动,可使主轴有不同的转速和转矩,以满足不同的切削要求,因此,主传动系统电动机应有较宽的功率范围(2.2~250 kW)。有些数控机床(加工中心)还必须具有准停控制,需要自动换刀。所以,数控机床对主轴系统有以下要求。

1. 调速范围

各种不同机床的调速范围要求不同。对多用途、通用性大的机床,要求主轴的调速范围大,不但要有低速大转矩,而且还要有较高的速度,如车削加工中心;而对于专用数控机床就不需要较大的调速范围,如数控齿轮加工机床、为汽车工业大批量生产而设计的数控钻镗床;还有些数控机床,不但要求能够加工黑色金属材料,还要加工铝合金等有色金属材料,这就要求变速范围大,且能超高速切削。

2. 旋转精度和运动精度

主轴的旋转精度是指装配后,在无载荷、低速转动条件下测量主轴前端和距离前端300 mm 处的径向圆跳动和端面圆跳动值。主轴在工作速度旋转时测量的上述两项精度称为运动精度。数控机床要求有高的旋转精度和运动精度。

3. 抗震性和热稳定性

为使数控机床在长时间大负荷的条件下仍可保持良好的工作状态和加工精度,主轴要具有良好的抗震性和热稳定性,以保证主轴组件有较高的固有频率和良好的动平衡性,以保持合适的配合间隙。

4. 自动换刀、主轴定向

为了实现刀具的快速装卸,要求数控机床的主轴能进行高精度定向停位控制,甚至要求其主轴具有角度分度控制功能,从而缩短数控机床的辅助切削时间。

5. 热变形

数控机床的电动机、主轴及传动件都是热源。低温升和小的热变形是对主传动系统要求的重要指标。

6. 四象限驱动能力

除要求主轴具有四象限的驱动能力外，有些数控机床还要求具有丝杠和其他直线运动装置，如卧式加工中心或卧式数控铣镗床的 W 轴，实现主轴的伸缩进给运动。

任务二　主轴的变速方式

数控机床主轴的变速方式主要有电动机无级变速、分段无级变速、液压拨叉变速机构、电磁离合器变速、内装电动机主轴变速和数控机床高速电主轴。

1. 电动机无级变速

数控机床一般采用直流或交流主轴伺服电动机实现主轴无级变速。交流主轴电动机及交流变频驱动装置(笼型感应交流电动机配置矢量变换变频调速系统)因为没有电刷，不产生火花，所以使用寿命长，且性能已达到直流驱动系统水平，甚至在噪声方面还有所降低，因此目前应用较为广泛。

主轴传递的功率或转矩与转速之间的关系如图 5-1 所示。当机床处在连续运转状态下，主轴的转速在 437～3500 r/min 范围内，主轴传递电动机的传递功率为 11 kW，称为主轴的恒功率区域Ⅱ。在这个区域内，主轴的最大输出转矩(245 N·m)随着主轴转速的增高而变小。主轴转速在 35～437 r/min 范围内，主轴的输出转矩不变，称为主轴的恒转矩区域Ⅰ。在这个区域内主轴所能传递的功率随着主轴转速的降低而减小。图中虚线所示为电动机超载(允许超载 30 min)时恒功率区域和恒转矩区域。电动机的超载功率为 15 kW，超载的最大输出转矩为 334 N·m。

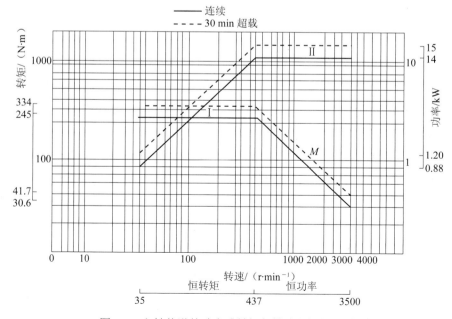

图 5-1　主轴传递的功率或转矩与转速之间的关系

2. 分段无级变速

在实际生产中，并不需要数控机床在整个变速范围内均为恒功率。一般要求在中、高速段为恒功率传动，在低速段为恒转矩传动。为了确保数控机床主轴低速时有较大的转矩和主轴的变速范围尽可能大，有的数控机床在交流或直流电动机无级变速的基础上配以齿轮变速，使之成为分段无级变速。

(1) 带有变速齿轮的主传动(见图 5-2(a))。这是大中型数控机床较常采用的配置方式，通过少数几对齿轮传动，扩大变速范围。电动机在额定转速以上的恒功率调速范围为2～5，当需扩大这个调速范围时常用加变速齿轮的办法，滑移齿轮的移位大都采用液压拨叉或直接由液压缸带动齿轮来实现。

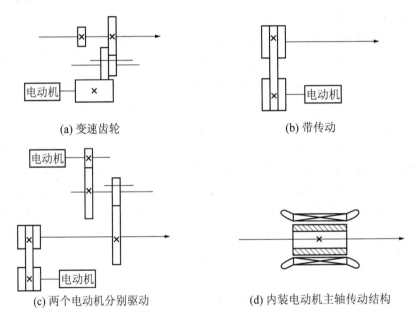

(a) 变速齿轮   (b) 带传动

(c) 两个电动机分别驱动   (d) 内装电动机主轴传动结构

图 5-2 数控机床主传动的四种配置方式

(2) 通过带传动的主传动(见图 5-2(b))。这种传动主要用在转速较高、变速范围不大的机床。电动机本身的调速就能够满足要求，不用齿轮变速，可以避免由齿轮传动所引起的振动和噪声。它适用于高速低转矩特性的主轴。常用的是同步带。

(3) 用两个电动机分别驱动主轴(见图 5-2(c))。这是上述两种方式的混合传动，具有上述两种性能。高速时，由一个电动机通过带传动；低速时，由另一个电动机通过齿轮传动，齿轮起到降速和扩大变速范围的作用，这样就使恒功率区域增大，扩大了变速范围，避免了低速时转矩不够且电动机功率不能充分利用的问题。但两个电动机不能同时工作，避免浪费。

(4) 内装电动机主的主传动(见图 5-2(d))。这种主传动是电动机直接带动主轴旋转，数控机床。因而大大简化了主轴箱体与主轴的结构，有效地提高了主轴部件的刚度，但主轴输出转矩小，电动机发热对主轴的精度影响较大。

3. 液压拨叉变速机构

在带有齿轮传动的主传动系统中，齿轮的换挡主要靠液压拨叉来完成。图 5-3 所示是三位液压拨叉的工作原理。

通过改变不同的通油方式可以使三联齿轮块获得三个不同的变速位置。该机构除液压缸和活塞杆外，还增加了套筒。当液压缸 1 通入压力油，液压缸 5 卸压时(见图 5-3(a))，活塞杆便带动拨叉向左移动到极限位置，此时拨叉带动三联齿轮块移动到左端。当液压缸 5 通入压力油，液压缸 1 卸压时(见图 5-3(b))，活塞杆和套筒一起向右移动，在套筒碰到液压缸 5 的端部后，活塞杆继续右移到极限位置，此时，三联齿轮块被拨叉移动到右端。当压力油同时进入液压缸 1 和 5 时(见图 5-3(c))，活塞杆两端的直径不同，使活塞杆处在中间位置。在设计活塞杆和套筒的截面直径时，应使套筒的圆环面上的向右推力大于活塞杆的向左推力。液压拨叉换挡在主轴停车之后才能进行，但停车时拨叉带动三联齿轮块移动又可能产生"顶齿"现象。因此，在这种主传动系统中通常设置一台微电动机，它在拨叉移动三联齿轮块的同时带动各传动齿轮低速回转，使移动齿轮与主动齿轮顺利啮合。

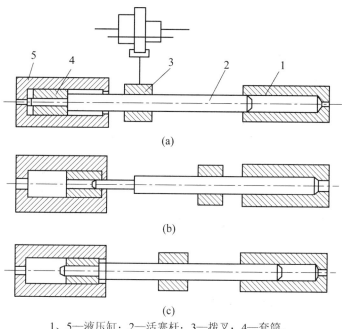

(a)

(b)

(c)

1、5—液压缸；2—活塞杆；3—拨叉；4—套筒。

图 5-3 三位液压拨叉的工作原理

4. 电磁离合器变速

电磁离合器是应用电磁效应接通或切断运动的元件，它便于实现自动操作，并有现成的系列产品可供选用，因而已成为自动装置中常用的操纵元件。电磁离合器用于数控机床的主传动时，能简化变速机构，通过若干个安装在各传动轴上的离合器的吸合和分离来改变齿轮的传动路线，实现主轴的变速。图 5-4 所示为 THK6380 型自动换刀数控铣镗床的主传动系统，该机床采用双速电机和六个电磁离合器完成 18 级变速。

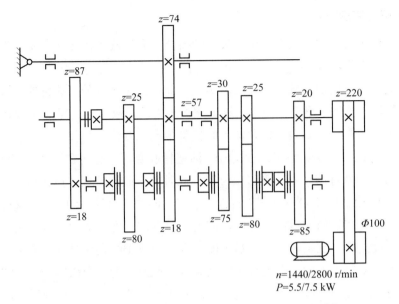

图 5-4　THK6380 型自动换刀数控铣镗床的主传动系统

图 5-5 所示为数控铣镗床主轴箱中使用的无滑环摩擦片式电磁离合器。传动齿轮通过螺钉固定在连接件的端面上，根据不同的传动结构，运动既可从传动齿轮输入，也可以从套筒输入。连接件的外周开有六条直槽，并与外摩擦片上的六个花键齿相配，这样就把传动齿轮的转动直接传递给外摩擦片。套筒的内孔和外圆都有花键，而且和挡环用螺钉连成一体。内摩擦片通过内孔花键套装在套筒上，并一起转动。当绕组通电时，衔铁被吸引右移，把内摩擦片和外摩擦片压紧在挡环上，通过摩擦力矩把传动齿轮与套筒结合在一起。无滑环摩擦片式电磁离合器的绕组和铁芯是不转动的，在铁芯的右侧均匀分布着六条键槽，用斜键将铁芯固定在变速箱的壁上。当绕组断电时，外摩擦片的弹性爪使衔铁迅速恢复到原来位置，内、外摩擦片互相分离，运动被切断。

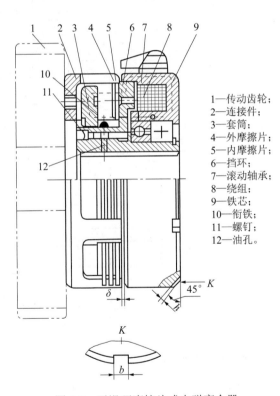

1—传动齿轮；
2—连接件；
3—套筒；
4—外摩擦片；
5—内摩擦片；
6—挡环；
7—滚动轴承；
8—绕组；
9—铁芯；
10—衔铁；
11—螺钉；
12—油孔。

图 5-5　无滑环摩擦片式电磁离合器

这种离合器的优点在于省去了电刷，避免了磨损和接触不良带来的故障，因此比较适合于高速运转的主传动系统。因为采用摩擦片来传递转矩，所以允许不停车变速。但也带来了另外的缺点，这就是变速时将产生大量的摩擦热，还由于绕组和铁芯静止不动的，这就必须在旋转的套筒上安装滚动轴承，因而增加了离合器的径向尺寸。此外，这种离合器的磁力线通过钢质的摩擦片，在绕组断电之后会有剩磁，所以增加了离合器的分离时间。

图 5-6 所示为啮合式电磁离合器，它在摩擦面上做了一定齿形，来提高传递的扭力。线圈通电，带有端面齿的衔铁通过渐开线花键来与定位环相连，再通过连接螺钉与传动件相连。磁轭内孔的花键连接另一个轴，这样就使与螺钉相连的轴与另一轴同时旋转。隔离环用来防止传动轴分离一部分磁力线，进而削弱电磁吸引力。衔铁采用渐开线花键与定位环相连是为了保证同轴度。

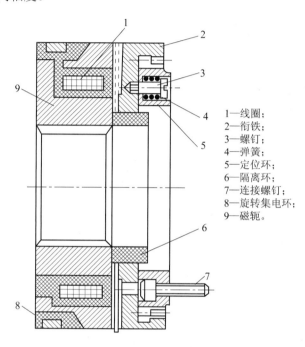

1—线圈；
2—衔铁；
3—螺钉；
4—弹簧；
5—定位环；
6—隔离环；
7—连接螺钉；
8—旋转集电环；
9—磁轭。

图 5-6　啮合式电磁离合器

与其他形式的电磁离合器相比，啮合式电磁离合器能够传递更大的转矩，因而相应地减小了离合器的径向和轴向尺寸，使主轴箱的结构更为紧凑。啮合过程无滑动是它的另一个优点，这样不但使摩擦热减少，有助于改善数控机床主轴箱的热变形，而且还可以在有严格要求的传动比的传动链中使用。但这种离合器带有旋转集电环，电刷与滑环之间有摩擦，影响了变速的可靠性，同时还应避免在很高的转速下工作。另外，离合器必须在低于 1～2 r/min 的转速下变速，这给自动变速带来不便。根据上述特点，啮合式电磁离合器较适宜于在要求温升小和结构紧凑的数控机床上使用。

5. 内装电动机主轴变速

内装电动机主轴变速是电动机直接带动主轴旋转，因而大大简化了主轴箱体与主轴的结构，有效地提高了主轴部件的刚度，但主轴输出转矩小，电动机发热对主轴的精度影响较大。

近年来，出现了一种新式的内装电动机主轴，即主轴与电动机转子合为一体。其优点是主轴组件结构紧凑，质量轻，惯量小，可提高启动、停止的响应特性，并有利于控制振动和噪声。其缺点是电动机运转产生的热量易使主轴产生热变形。因此，温度控制和冷却是使用内装电动机主轴的关键问题。图 5-7 所示为立式加工中心主轴组件,其内装电动机主轴最高转速可达 20 000 r/min。

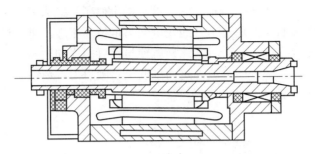

图 5-7　立式加工中心主轴组件

6. 数控机床高速电主轴

高速主轴单元的类型主要有电主轴和气动主轴。目前,气动主轴主要应用在精密加工上,其最高转速可达 150 000 r/min,但输出功率很小。

高速电主轴在结构上几乎全部是交流伺服电动机直接驱动的集成化结构,其取消了齿轮变速机构,并配备有强力的冷却和润滑装置。电主轴的连接有两种方式:一种是通过联轴器把电动机与主轴直接连接;另一种是把电动机转子与主轴做成一体,即将无壳电动机的空心转子用压配合的形式直接装在机床主轴上,而带有冷却套管的定子则安装在主轴单元的壳体中,形成了内装式电动机主轴。这种主轴与机床主轴合二为一的传动结构,把机床主传动链的长度缩短为零,实现了机床的零传动,具有结构紧凑,易于平衡,传动效率高等特点。其主轴转速已达到几万转到几十万转每分钟,正在逐渐向高速大功率方向发展。

由于高速主轴对轴上零件的动平衡要求很高,因此轴承的定位元件与主轴一般不采用螺纹连接,电动机转子与主轴也不采用键连接,而是采用可拆的阶梯过盈连接。

电主轴的基本参数和主要规格包括套筒直径、最高转速、输出功率、最大转矩和刀具接口等,其中套筒直径为电主轴的主要参数。目前,国内外专业的电主轴制造厂已经可以供应几百种规格的电主轴。

任务三　交流主轴电动机及其驱动控制

数控机床主轴
控制方式

为满足数控机床对主轴驱动的要求，主轴电动机必须具备以下功能：

(1) 输出功率大；

(2) 在整个调速范围内速度稳定，且恒功率范围宽；

(3) 在断续负载下，电动机转速波动小，过载能力强；

(4) 加、减速时间短；

(5) 电动机温升低；

(6) 振动小，噪声低；

(7) 可靠性高，寿命长，易维护；

(8) 体积小，质量轻。

在早期的数控机床上，多采用三相异步电动机配上多级变速箱作为主轴驱动的主要方式。由于对主轴驱动提出了更高的要求，在前期的数控机床上采用直流主轴驱动系统，但由于直流电动机的换向限制，大多数系统恒功率调速范围非常小。随着技术的进步，20 世纪 70 年代末、80 年代初开始采用交流驱动系统，目前数控机床的交流主轴驱动多采用交流主轴电动机配备主轴伺服驱动器或普通交流异步电动机配备变频器。

一、交流主轴电动机

1. 交流主轴电动机的结构

图 5-8 所示为西门子 1PH5 系统交流主轴电动机的外形，同轴连接的 ROD323 光电编码器用于测速和矢量变频控制。

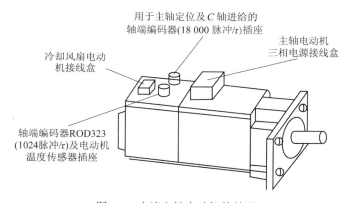

图 5-8　交流主轴电动机的外形

交流主轴电动机的总体结构由定子和转子组成。它的内部结构和普通交流异步电动机相似，定子上有固定的三相绕组，转子铁芯上开有许多槽，每个槽内装有一根导线，所有导体两端短接在端环上，如果去掉铁芯，转子绕组的形状像一个鼠笼，所以称为笼型转子。

2. 交流主轴电动机的性能

交流主轴电动机与直流主轴电动机一样，是由功率-速度特性曲线来反映其性能的，其特性曲线如图 5-9 所示。从图中可以看出，交流主轴电动机的特性曲线在基本转速以下为恒转矩区域，而在基本转速以上为恒功率区域。当电动机转速超过一定值之后，其功率-速度特性曲线向下倾斜，不能保证恒功率。对于一般的交流主轴电动机，这个恒功率的速度范围只有 1∶3 的速度比。交流主轴电动机还有一定的过载能力，一般为额定值的 1.2～1.5 倍，过载时间则从几分钟到半小时不等。

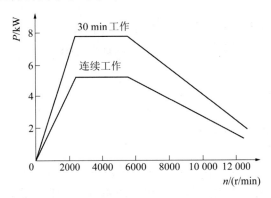

图 5-9　交流主轴电动机的特性曲线

3. 交流主轴电动机的工作原理

交流主轴电动机的工作原理和普通交流异步电动机基本相似。定子绕组通入三相交流电后，在电动机气隙中产生一个励磁的旋转磁场，当旋转磁场的同步转速与转子转速有差异时，转子的导体切割磁力线产生感应电流，与励磁磁场相互作用，从而产生转矩。由此可以看出，在异步伺服电动机中，只要转子转速小于同步转速，转子就会受到电磁转矩的作用而转动。若异步伺服电动机的磁极对数为 p，转差率为 s，定子绕组供电频率为 f，则转子的转速 $n = 60f(1 - s)/p$。当异步电动机的供电频率发生变化时，转子的转速也将发生变化。

二、交流主轴驱动控制

1. 变频

变频(frequency conversion)就是一种用于改变供电频率。变频技术的核心是变频器，它通过对供电频率的转换来实现电动机运转速度率的自动调节，在把 50 Hz 的固定电网频率改为 30～130 Hz 的变化频率的同时，还可使电源电压适应范围达到 142～270 V，解决了由于电网电压的不稳定而影响电器工作的难题。通过改变交流电频率的方式实现交流电控制的技术叫变频技术。

2. 变频器

变频器(variable-frequency drive, VFD)是应用变频技术与微电子技术，通过改变电动机工作电源频率方式来控制交流电动机的电力控制设备。变频器主要由整流(交流变直流)、滤波、逆变(直流变交流)、制动单元、驱动单元、检测单元、微处理单元等组成。通过改变电源的频率来达到改变电源电压的目的，根据电动机的实际需要来提供电源电压，进而达到节能、调速的目的。另外，变频器还有很多的保护功能，如过流、过压、过载保护等。

变频器常见的频率给定方式主要有操作器键盘给定、接点信号给定、模拟信号给定、脉冲信号给定和通信方式给定等。这些频率给定方式各有优缺点，须按照实际所需进行选择设置，同时也可以根据功能需要选择不同频率给定方式之间的叠加和切换。

3. SPWM 变频控制器

SPWM 变频控制器，即正弦波 PWM 变频控制器，是 PWM 变频控制器的一种。图 5-10 所示是 SPWM 交—直—交变频器，其由不可控整流器经滤波后形成恒定幅值的直流电压加在逆变器上，控制逆变器功率开关器件的通和断，使其输出端获得不同宽度的矩形脉冲波。通过改变矩形脉冲波的宽度，可控制逆变器输出交流基波电压的幅值；改变调制周期可控制其输出频率，从而在逆变器上同时进行输出电压与频率的控制，满足变频调速对 U/f 协调控制的要求。

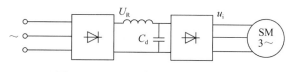

图 5-10　SPWM 交—直—交变频器

1) SPWM 波形与等效的正弦波

把一个正弦波分成 n 等份，例如 $n = 12$(如图 5-11(a)所示)，然后把每一等份的正弦曲线与横轴所包围的面积都用一个与此面积相等的等高矩形脉冲波代替，这样可得到 n 个等高不等宽的脉冲序列，它对应于一个正弦波的正半周，如图 5-11(b)所示。对于负半周，同样可以这样处理。如果负载正弦波的幅值改变，则与其等效的各等高矩形脉冲的宽度也相应改变，这就是与正弦波等效的正弦脉宽调制波。

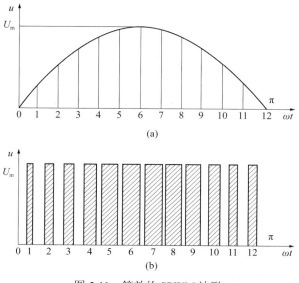

图 5-11　等效的 SPWM 波形

2) 三相 SPWM 电路

和控制波形为直流电压的 PWM 相比，SPWM 调制的控制信号为幅值和频率均可调的正弦波参考信号，载波信号为三角波。正弦波和三角波相交可得到一组矩形脉冲，是幅值不变，而脉冲宽度是按正弦规律变化的 SPWM 波形。

对于三相 SPWM，逆变器必须产生互差 120° 的三相正弦脉宽调制波。为了得到这些三相调制波，三角波载波信号可以共用，但是必须有一个三相正弦波发生器产生可变频、可变幅且互差 120° 的三相正弦波参考信号，然后将它们分别与三角波载波信号相比较后，产生三相脉宽调制波。

图 5-12 所示是三相 SPWM 变频控制器电路。在主电路中 $V_1 \sim V_6$ 是逆变器的六个功率开关器件，各与一个续流二极管反并联，由三相整流桥提供恒值直流电压 U_d 供电。在控制电路中，一组三相对称的正弦参考电压信号 u_{rU}、u_{rV}、u_{rW} 由参考信号发生器提供，其频率决定逆变器输出的基波频率，应在所要求的输出频率范围内可调。参考信号幅值也可在一定范围内变化，决定输出电压的大小。三角波载波信号 u_T 是共用的，分别与每相参考电压比较后产生逆变器功率开关器件的驱动控制信号。

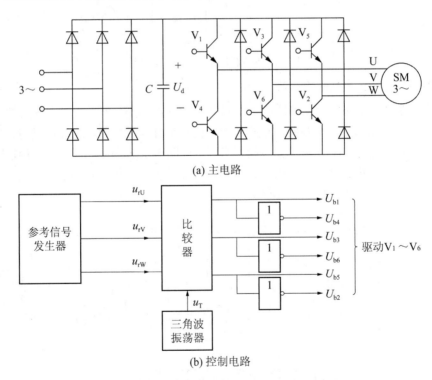

(a) 主电路

(b) 控制电路

图 5-12　三相 SPWM 变频控制器电路

4. 通用变频器及其应用

随着数字控制的 SPWM 变频调速系统的发展，采用通用变频器控制的数控机床主轴驱动装置越来越多。所谓"通用"，一是可以和通用的笼型异步电动机配套应用；二是具有多种可供选择的功能，应用于不同性质的负载。

三菱 FR-A500 系列变频器的系统组成及接口定义如图 5-13 及图 5-14 所示。

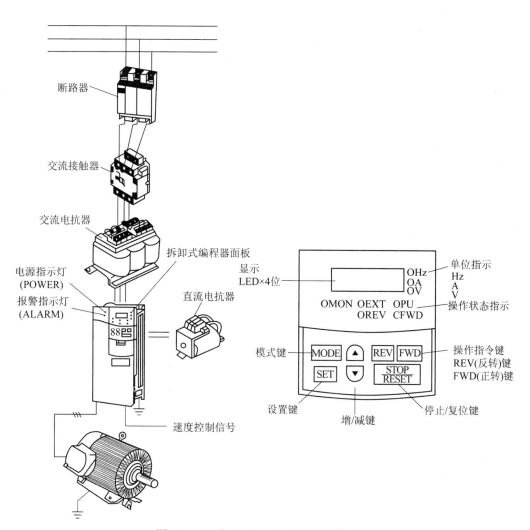

图 5-13　三菱 FR-A500 系列频器系统组成

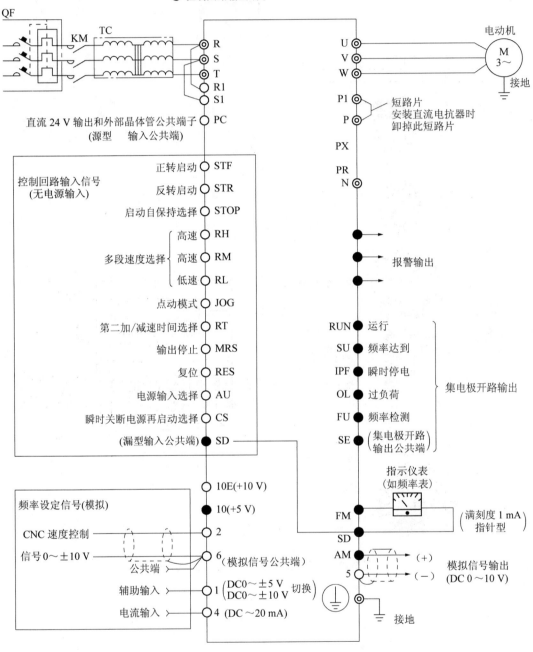

◎ 主回路端子
○ 控制回路输入端子
● 控制回路输出端子

图 5-14　三菱 FR-A500 系列变频器接口定义

在图 5-13 中，为了减小输入电流的高次谐波，电源侧采用了交流电抗器，直流电抗器则是用于功率因数校正，有时为了减小电动机的振动和噪声，在变频器和电动机之间还可加入降噪电抗器。为防止变频器对周围控制设备的干扰，必要时可在电源侧选用无线电干扰抑制电抗器。

该变频器的速度是通过 2、6 端 CNC 系统输入的模拟速度控制信号，以及 RH、RM 和 RL 端由拨码开关编码输入的开关量或 CNC 系统数字输入信号来设定的，可实现电动机从最低速到最高速的三级变速控制。

(1) 变频器的电源显示。变频器的电源显示也称充电显示，它除了表明其是否已经接上电源，还显示了直流高压滤波电容器上的充、放电状况。在切断电源后，高压滤波电容器的放电速度较慢，由于电压较高，对人体有危险。每次关机后，必须等电源显示完全熄灭后，方可进行调试和维修。

(2) 变频器的参数设置。变频器和主轴电动机配用时，根据主轴加工的特性和要求，必须先进行参数设置，如加 / 减速时间等。设定的方法是通过编程器上的键盘和数码管显示，进行参数输入和修改。

① 按下模式转换开关，使变频器进入编程模式。

② 按数字键或数字增减键(A 键和 V 键)，选择需进行预置的功能码。

③ 按读出键或设定键，读出该功能的原设定数据(或数据码)。

④ 如需修改，则通过数字键或数字增减键来修改设定数据。

⑤ 按写入键或设定键，将修改后的数据写入。

⑥ 如预置尚未结束，则转入第②步，进行其他功能设定。如预置完成，则按模式选择键，使变频器进入运行模式，就可以启动电动机了。

任务四　主轴准停控制

一、概述

主轴准停功能又称为主轴定向功能(spindle specified position stop)，即当主轴停止时，控制其停于固定的位置，这是自动换刀所必需的功能。如在自动换刀的数控镗铣加工中心上，切削转矩通常是通过刀杆的端面键来传递的，这就要求主轴具有准确定位于圆周上特定角度的功能，如图 5-15 所示。当加工阶梯孔或精镗孔后退刀时，为防止刀具与小阶梯孔碰撞或拉毛已经加工的孔表面，必须先让刀，再退刀，而要让刀，刀具必须具有准停功能，如图 5-16 所示。

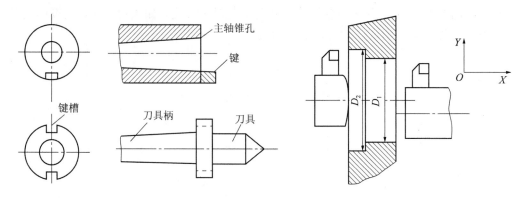

图 5-15　主轴准停换刀　　　　　图 5-16　主轴准停镗阶梯孔示意图

主轴准停可分为机械准停和电气准停，它们的控制过程是一样的，如图 5-17 所示。

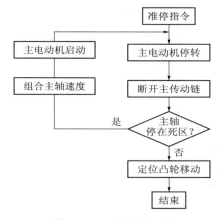

图 5-17　主轴准停控制

二、机械准停控制

图 5-18 所示为典型的端面螺旋凸轮准停装置。在主轴上固定有一个定位滚子，主轴上空套有一个双向端面凸轮，该凸轮和液压缸中活塞杆相连接，当活塞杆带动凸轮向下移动时(不转动)，通过拨动定位滚子并带动主轴转动，当定位销落入端面凸轮的 V 形槽内，便完成了主轴准停。因为是双向端面凸轮，所以能从两个方向拨动主轴转动以实现准停。这种双向端面凸轮准停机构，动作迅速可靠，但是凸轮制造较复杂。

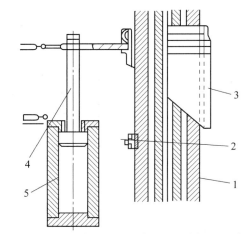

1—主轴；2—定位滚子；3—凸轮；4—活塞杆；5—液压缸。

图 5-18　典型的端面螺旋凸轮准停装置

三、电气准停控制

目前，国内外中高档数控系统均采用电气准停控制，采用电气准停控制有以下优点：

(1) 简化机械结构。与机械准停相比，电气准停只需在主轴旋转部件和固定部件上安装传感器即可。

(2) 缩短准停时间。准停时间包括在换刀时间内，而换刀时间是加工中心的一项重要指标。采用电气准停，即使主轴在高速转动时，也能快速定位形成位置控制。

(3) 可靠性增加。由于无须复杂的机械、开关、液压缸等装置，也没有机械准停所形成的机械冲击，因而准停控制的寿命与可靠性大大增加。

(4) 性能价格比提高。由于简化了机械结构和强电控制逻辑，因此这部分的成本大大降低。但电气准停常作为选择功能，订购电气准停附件需要另外的费用。但从总体来看，性能价格比大大提高。

目前，电气准停有三种方式：传感器主轴准停、编码器型主轴准停和数控系统控制准停。下面主要介绍传感器主轴准停。

安川 YASKAWA 主轴驱动 VS-626MT 使用不同的选件可具有三种主轴电气准停方式，即磁传感器、编码器型及由数控系统控制完成的主轴准停。YASKAWA 主轴驱动加上可选定位件后，可具有磁传感器主轴准停控制功能。磁传感器主轴准停控制由主轴驱动自身完成。当执行 M19 时，数控系统只需发出准停启动命令 ORT，主轴驱动完成准停后会向数控系统回答完成信号 ORE，然后数控系统再进行后续的工作。磁传感器准停控制系统构成如图 5-19 所示。

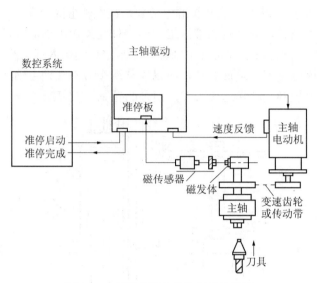

图 5-19　磁传感器准停控制系统构成

　　由于采用了磁传感器，因此应避免将产生磁场的元件如电磁线圈、电磁阀等与磁阀体和磁传感器安装在一起。另外，磁阀体(通常安装在主轴旋转部件上)与磁传感器(固定不动)的安装是有严格要求的，应按说明书要求的精度安装。

　　采用磁传感器准停时，接收到数控系统发来的准停开关量信号 ORT，主轴立即加速或减速至某一准停速度(可在主轴驱动装置中设定)。主轴到达准停速度且准停位置到达(磁阀体与磁传感器对准)时，主轴即减速至某一爬行速度(可在主轴驱动装置中设定)。当磁传感器信号出现时，主轴驱动立即进入磁传感器作为反馈元件的闭环控制，目标位置即为准停位置。准停完成后，主轴驱动装置输出准停完成信号 ORE 给数控系统，从而可进行自动换刀或其他动作。磁阀体在主轴上位置示意图如图 5-20 所示。磁传感器准停控制时序图如图 5-21 所示。

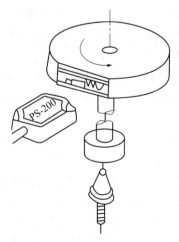

图 5-20　磁阀体在主轴上位置示意图

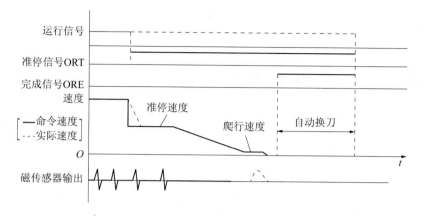

图 5-21 磁传感器准停控制时序图

任务五 主轴进给功能

主轴进给功能即主轴的 C 轴功能，一般应用在车削中心和车、铣复合机床上。对于车削中心，主轴除了完成传统的回转功能外，主轴的进给功能可以实现主轴的定向、分度和圆周进给，并在数控装置的控制下实现 C 轴与其他进给轴的插补，配合动力刀具进行圆柱或端面上任意部位的钻削、铣削、攻螺纹及曲面铣加工。对于车、铣复合机床，在车削状态下，主轴主要负责旋转工件，以进行外圆、内孔、端面等的加工。而在铣削状态下，主轴则需要具备 C 轴功能，即能够进行旋转轴的位置控制和进给插补。这意味着车主轴在铣削状态下必须能够像铣床的 C 轴一样工作，执行精确的角度定位和旋转，以及与 X、Y、Z 轴协同进行复杂的轮廓加工。

主轴进给功能一般有下列几种实现方法。

1. 机械式

机械式主轴进给功能是通过安装在主轴上的分度齿轮来实现的。这种设计简单且成本较低，但功能相对有限。通常，这种方式只能实现主轴的 360° 分度，即主轴可以按照固定的间隔角度旋转，只适用于一些简单的分度任务。由于其机械性质，这种类型的主轴进给功能在精度和速度上可能不如其他更先进的方法，但它仍然在一些基础的机床中找到应用。

2. 双电动机切换

为了提高主轴的灵活性和控制精度，一些数控机床采用了双电动机切换系统。双电动机切换系统相比机械式系统，具有更高的灵活性和控制精度。在这种系统中，主轴有两套传动机构：一套由主轴电动机驱动，用于常规的回转操作；另一套由进给伺服电动机驱动，用于实现精确的位置控制。平时由主轴电动机驱动实现普通主轴的回转功能，需要进给功能时通过液压等机构切换到由进给伺服电动机驱动主轴。由于进给伺服电动机工作在位置控制模式下，因此可以实现任意角度的分度功能和进给及插补功能。为了防止主传动和 C 轴传动之间产生干涉，两套传动机构的切换机构都装有检测开关，根据开关的检测信号，识别主轴的工作状态。当 C 轴工作时，主轴电动机不能启动；同样主轴电动机工作时，进给伺服电动机不能启动。这种设计使得主轴可以在高效率的同时保持高精度，非常适合需要复杂进给操作的加工场景。

3. 具有 C 轴功能的主轴电动机

随着技术的进步，具有 C 轴功能的主轴电动机成为现代中、小型车削中心的主流选择。这种类型的主轴将定位、分度和进给功能集成到主轴电动机中，这种方式省去了附加的传动机构和液压系统的需求，其结构简单，工作可靠。以下是对具备 C 轴功能的主轴电动机的具体介绍。

(1) 结构特点：与普通直流电动机相似，具备 C 轴功能的主轴电动机由定子和转子组成。它们一般采用他激式，电枢和换向器构成转子，而主磁极和换向极构成定子。一些主轴电动机还配有补偿绕组以提升性能。

(2) 控制方式：这种类型的主轴通常配备专用的检测器，通过串行接口与控制系统相连。轮廓控制通过对伺服主轴进行位置控制来实现高精度定位的功能。它允许主轴与其他伺服轴进行精密的插补，从而执行复杂的轮廓加工。

(3) 技术要求：由于带有 C 轴的机床通常要求较高的加工精度，因此这些主轴电动机常配备闭环控制系统，并使用角度编码器作为检测装置来确保高精度的角度控制。

(4) 优势：电主轴将变频交流电动机与数控机床主轴结合，提供了紧凑的结构、低质量、小惯性、低振动和快速响应等优点。这种设计使得主轴变速范围可通过变频电动机控制，从而提高了数控机床的性能和灵活性。

(5) 工作方式：主轴的两种工作方式(普通旋转和进给操作)可以随时切换，无须等待或复杂的机械调整，且显著提高了加工效率，使机床能够胜任各种复杂的加工任务。

然而，这种方案的一个缺点是随着主轴输出功率的增加，相应的驱动系统成本也会显著增加，这可能会影响整体的机器成本。

以上三种主轴进给功能的实现方法，每种都有其独特的优势和适用场景。机械式主轴进给功能适合简单的分度任务，成本较低，但在精度和速度上有所限制；双电动机切换系统提供了更高的精度和灵活性，适合复杂的加工任务，但成本和技术要求较高；具有 C 轴功能的主轴电动机则提供了一种高效、可靠的解决方案，特别适合中、小型车削中心，但随着功率的增加，成本也会上升。

在实际应用中，选择合适的主轴进给功能取决于多种因素，包括加工任务的复杂性、所需的精度、生产效率要求以及预算限制。随着机床系统的不断升级，我们可以预见，未来的主轴进给功能将更加智能化、高效化，以适应日益复杂的加工需求。新型材料、先进的控制算法和机器学习技术的融入，将进一步推动主轴进给功能的发展，使得机床能够以更高的精度和效率运行。此外，随着工业 4.0 和智能制造等新质生产力的兴起，联网和远程监控功能将成为主轴进给系统的标准配置，使得数控机床操作更加智能和自动化。总之，主轴进给功能作为数控机床的核心组成部分，其发展将继续推动制造业的创新和进步。

习　题

1. 数控机床对主轴驱动的要求是什么？
2. 数控机床对主传动系统有哪些要求？
3. 简述笼型感应电动机转动的基本原理，并解释笼型、感应、异步三词的含义。
4. 主传动的变速有几种方式？各有何特点？
5. 什么是变频？什么是变频器？变频器的原理是什么？
6. 主轴为何需要"准停"？如何实现准停？
7. 什么叫主轴分段无级变速？为什么采用主轴分段无级变速？
8. 主轴电气准停较机械准停有何优点？简述磁传感器准停的结构与工作原理。
9. 简述三位液压拨叉的工作原理。
10. 什么是主轴进给功能？

项目六

通用 PLC 指令

项目体系图

项目六 通用PLC指令 ——— 任务一 位操作指令
—— 任务二 运算指令
—— 任务三 数据处理指令

项目描述

本项目通过对 PLC 基本知识的介绍，以及对 PLC 指令的讲解，使读者理解 PLC 的工作原理、编辑方法等。

知识目标

掌握 PLC 常用指令的名称、格式和含义。

能力目标

能够识读常用 PLC 指令的编程格式和时序图。

教学重点

掌握 PLC 的工作过程。

教学难点

理解并掌握 PLC 指令的含义，并且描述工作过程。

任务一　位操作指令

可编程序控制器(Programmable Logic Controller, PLC)分为通用 PLC 和专用 PLC。本项目介绍通用 PLC，S7-200 是 SIEMENS 的 PLC 系列，应用广泛。

S7-200 指令非常丰富，指令系统一般可分为基本指令和功能指令。基本指令包括位操作类指令、运算指令、数据处理指令、转换指令等；功能指令包括程序控制类指令、中断指令、高速计数器、高速脉冲输出等。

PLC 是一种专用的工业控制计算机，因此，其工作原理是建立在计算机控制系统工作原理的基础上。但为了可靠地应用在工业环境下，便于现场电气技术人员的使用和维护，它有着大量的接口器件，特定的监控软件，专用的编程器件。所以，不但其外观不像计算机，它的操作使用方法、编程语言及工作过程与计算机控制系统也是有区别的。

一、PLC 的等效工作电路

PLC 的等效工作电路可分为 3 部分，即输入部分、内部控制部分和输出部分。输入部分就是采集输入信号，输出部分就是系统的执行部件。这两部分与继电器控制电路相同。内部控制部分是通过编程方法实现的控制逻辑，用软件编程代替继电器电路的功能。其等效工作电路如图 6-1 所示。

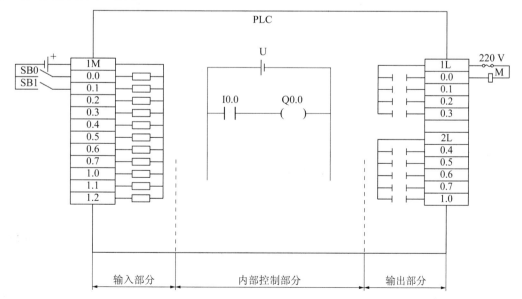

图 6-1　PLC 的等效工作电路

1. 输入部分

输入部分由外部输入电路、PLC 输入接线端子和输入继电器组成。该部分的作用是收集控制命令和被控系统信息。外部输入信号经 PLC 输入接线端子去驱动输入继电器的线圈。每个输入接线端子与其相同编号的输入继电器有着唯一确定的对应关系。当外部的输入元件处于接通状态时，对应的输入继电器线圈"得电"。

注意：这个输入继电器是 PLC 内部的"软继电器"，它可以提供任意多个动合触点或动断触点供 PLC 内部控制电路编程使用。

为使输入继电器的线圈"得电"，即让外部输入元件的接通状态写入与其对应的基本单元中去，则输入回路要有电源。输入回路所使用的电源，可以用 PLC 内部提供的 24 V 直流电源(其带负载能力有限)，也可由 PLC 外部的独立的交流电源或直流电源供电。

需要强调的是，输入继电器的线圈只能是由来自现场的输入元件(如控制按钮、行程开关的触点、晶体管的基极-发射极电压、各种检测及保护器件的触点或动作信号等)驱动，而不能用编程的方式去控制。因此，在 PLC 的梯形图程序中，只能使用输入继电器的触点，不能使用输入继电器的线圈。

2. 内部控制部分

内部控制部分是由用户程序形成的用"软继电器"来代替"硬继电器"的控制逻辑。它的作用是按照用户程序规定的逻辑关系，对输入信号和输出信号的状态进行检测、判断、运算和处理，然后得到相应的输出。也就是说，内部控制部分是由用户程序构成。

一般用户程序是用梯形图语言编制的，它看起来很像继电器控制线路图。在继电器控制线路中，继电器的触点可瞬时动作，也可延时动作，而 PLC 梯形图中的触点是瞬时动作的。如果需要延时，可由 PLC 提供的定时器来完成。延时时间可根据需要在编程时设定，其定时精度及范围远远高于时间继电器。在 PLC 中还提供了计数器、辅助继电器 (相当于继电器控制线路中的中间继电器)及某些特殊功能的继电器。PLC 的这些器件所提供的逻辑控制功能，可在编程时根据需要选用，且只能在 PLC 的内部控制电路中使用。

3. 输出部分

输出部分(以继电器输出型 PLC 为例)是由在 PLC 内部且与内部控制电路隔离的输出继电器的外部动合触点、输出接线端子和外部驱动电路组成，其作用是用来驱动外部负载。

PLC 的内部控制电路中有许多输出继电器，每个输出继电器除了有为内部控制电路提供编程用的任意多个动合、动断触点外，还为外部输出电路提供了一个实际的动合触点与输出接线端子相连。

驱动外部负载电路的电源必须由外部电源提供，电源种类及规格可根据负载要求去配备，只要在 PLC 允许的电压范围内工作即可。

综上所述，我们可以对 PLC 的等效工作电路做进一步简化，即将输入等效为一个继电器的线圈，将输出等效为继电器的一个动合触点。

二、PLC 的工作过程

虽然 PLC 的基本组成及工作原理与一般微型计算机相同，但它的工作过程与微型计算机有很大差异，这主要是由操作系统和系统软件的差异

PLC 原理及 I/O
地址分配介绍

造成的。

周期性顺序扫描是 PLC 特有的工作方式。PLC 在运行过程中,总是处在不断循环的顺序扫描过程中。每次扫描所用的时间称为扫描时间,又称为扫描周期或工作周期。

PLC 的 I/O 点数较多,采用集中批处理的方法,可以简化操作过程,便于控制,提高系统可靠性。因此 PLC 的另一个主要特点就是对输入采样、执行用户程序、输出刷新实施集中批处理。这同样是为了提高系统的可靠性。

PLC 启动后,先进行初始化操作,包括对工作内存的初始化、复位所有的定时器、将输入/输出继电器清零、检查 I/O 单元连接是否完好,如有异常则发出报警信号。初始化之后,PLC 就进入周期性扫描过程。

三、位操作指令

位操作类指令,主要是位操作和运算指令,同时也包含与位操作密切相关的定时器和计数器指令等。位操作指令是 PLC 常用的基本指令,能够实现基本的位逻辑运算和控制。

(一) 指令介绍

1. 逻辑取(装载)及线圈驱动指令(LD/LDN)

(1) 指令功能。

LD(load):常开触点逻辑运算的开始,对应的梯形图为在左侧母线或线路分支点处初始装载一个常开触点。

LDN(load not):常闭触点逻辑运算的开始(即对操作数的状态取反),对应的梯形图为在左侧母线或线路分支点处初始装载一个常闭触点。

= (OUT):输出指令,对应的梯形图为线圈驱动。

(2) 指令格式。

LD/LDN、OUT 的使用如图 6-2 所示。

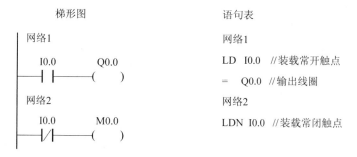

图 6-2 LD/LDN、OUT 的使用

2. 触点串联指令(A、AN)

(1) 指令功能。

A(and):与操作,在梯形图中表示串联连接单个常开触点。

AN(and not):与非操作,在梯形图中表示串联连接单个常闭触点。

(2) 指令格式。

A/AN 的使用如图 6-3 所示。

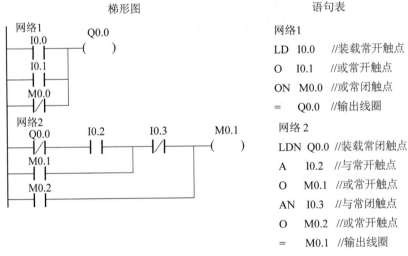

梯形图

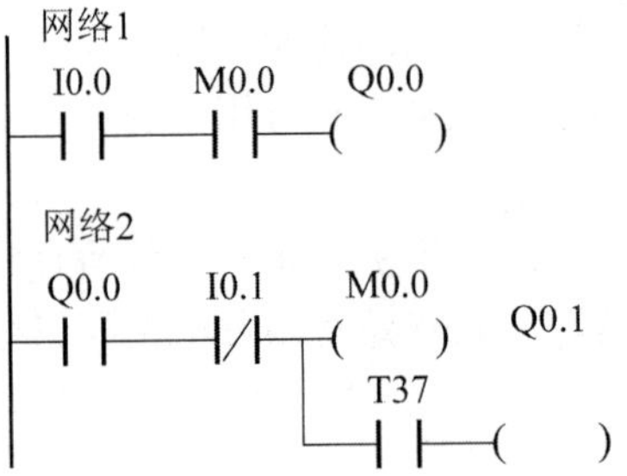

语句表

网络1

网络1

LD I0.0 //装载常开触点

A M0.0 //与常开触点

= Q0.0 //输出线圈

网络2

网络2

LD Q0.0 //装载常开触点

AN I0.1 //与常闭触点

= M0.0 //输出线圈

A T37 //与常开触点

= Q0.1 //输出线圈

图 6-3 A/AN 的使用

3. 触点并联指令(O、ON)

(1) 指令功能。

O(Or)：或操作，在梯形图中表示并联连接一个常开触点。

ON(Or not)：或非操作，在梯形图中表示并联连接一个常闭触点。

(2) 指令格式。

O/ON 的使用如图 6-4 所示。

梯形图

语句表

网络1

网络1

LD I0.0 //装载常开触点

O I0.1 //或常开触点

ON M0.0 //或常闭触点

= Q0.0 //输出线圈

网络2

LDN Q0.0 //装载常闭触点

A I0.2 //与常开触点

O M0.1 //或常开触点

AN I0.3 //与常闭触点

O M0.2 //或常开触点

= M0.1 //输出线圈

图 6-4 O/ON 的使用

4. 电路块的串联指令(ALD)

(1) 指令功能。

ALD：块与操作，用于串联连接多个并联电路组成的电路块。

(2) 指令格式。

ALD 的使用如图 6-5 所示。

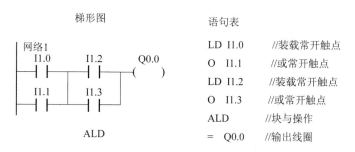

图 6-5　ALD 使用

5. 电路块的并联指令(OLD)

(1) 指令功能。

OLD：块或操作，用于并联连接多个串联电路组成的电路块。

(2) 指令格式。

OLD 的使用如图 6-6 所示。

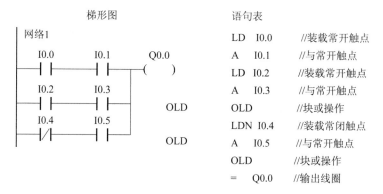

图 6-6　OLD 的使用

6. 置位/复位指令(S/R)

(1) 指令功能。

置位指令(S)：使能输入有效后，从起始位 S-bit 开始的 N 个位置"1"并保持。

复位指令(R)：使能输入有效后，从起始位 R-bit 开始的 N 个位置"0"并保持。

(2) 指令格式。

S/R 格式如表 6-1 所示，S/R 的使用如图 6-7 所示。

表 6-1　S/R 格式

STL	LAD
S　S-bit , N	S-bit —(S) N
R　R-bit , N	R-bit —(R) N

梯形图

```
网络1
 I0.0      Q0.0
 | |------( S )
            1
  ⋮

网络4
 I0.1      Q0.0
 | |------( R )
            1
```

语句表

```
网络1
LD   I0.0    //装载常开触点
S    Q0.0, 1  //输出线圈置位


网络4
LD   I0.1    //装载常开触点
R    Q0.0, 1  //输出线圈复位
```

图 6-7　S/R 的使用

【例 6-1】　图 6-7 所示的置位、复位指令应用举例及时序分析如图 6-8 所示。

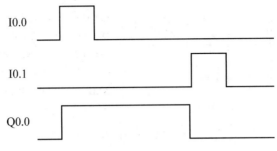

图 6-8　S/R 的时序图

7. 边沿触发指令(EU/ED)

(1) 指令功能。

EU：在 EU 前有一个上升沿时(由 OFF→ON)产生一个宽度为一个扫描周期的脉冲，驱动其后输出线圈。

ED：在 ED 前有一个下降沿时(由 ON→OFF)产生一个宽度为一个扫描周期的脉冲，驱动其后输出线圈。

(2) 指令格式。

EU/ED 格式如表 6-2 所示，EU/ED 的使用如图 6-9 所示。

表 6-2　EU/ED 格式

STL	LAD	操作数
EU(edge up)	─┤P├─	无
ED(edge down)	─┤N├─	无

梯形图

```
网络1
 I0.0            M0.0
 ─┤├──┤P├──（  ）
网络2
 M0.0    Q0.0
 ─┤├────（ S ）
             1
网络3
 I0.1            M0.1
 ─┤├──┤N├──（  ）
网络4
 M0.1    Q0.0
 ─┤├────（ R ）
             1
```

语句表

网络1
LD　I0.0　　//装载常开触点
EU　　　　　//正跳变
=　M0.0　　//输出线圈

网络2
LD　M0.0　　//装载常开触点
S　Q0.0, 1　//输出置位

网络3
LD　I0.1　　//装载常开触点
ED　　　　　//负跳变
=　M0.1　　//输出线圈

网络4
LD　M0.1　　//装载常开触点
R　Q0.0, 1　//输出复位

图 6-9　EU/ED 的使用

EU/ED 时序分析如图 6-10 所示。

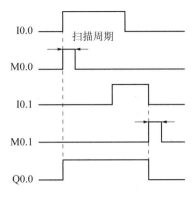

图 6-10 EU/ED 时序分析

I0.0 的上升沿，经触点(EU)产生一个扫描周期的时钟脉冲，驱动输出线圈 M0.0 导通一个扫描周期，M0.0 的常开触点闭合一个扫描周期，使输出线圈 Q0.0 置位为 1，并保持。

I0.1 的下降沿，经触点(ED)产生一个扫描周期的时钟脉冲，驱动输出线圈 M0.1 导通一个扫描周期，M0.1 的常开触点闭合一个扫描周期，使输出线圈 Q0.0 复位为 0，并保持。

(二) 指令应用举例

【例 6-2】 抢答器程序设计。

(1) 控制任务：有 3 个抢答席和 1 个主持人席，每个抢答席上各有 1 个抢答按钮和一盏抢答指示灯。参赛者在允许抢答时，第一个按下抢答按钮的抢答席上的指示灯将会亮，且释放抢答按钮后，指示灯仍然亮；此后另外两个抢答席上即使再按各自的抢答按钮，其指示灯也不会亮。这样主持人就可以轻易地知道谁是第一个按下抢答器的。该题抢答结束后，主持人按下主持席上的复位按钮(常闭按钮)，则指示灯熄灭，又可以进行下一题的抢答。

工艺要求：本控制系统有 4 个按钮，其中 3 个常开按钮 SB1、SB2、SB3，一个常闭按钮 SB0。另外，作为控制对象有 3 盏灯 L1、L2、L3。

(2) I/O 分配表。

输入：

I0.0	SB0	//主持席上的复位按钮(常闭)
I0.1	SB1	//抢答席 1 上的抢答按钮
I0.2	SB2	//抢答席 2 上的抢答按钮
I0.3	SB3	//抢答席 3 上的抢答按钮

输出：

Q0.1	LQ1	//抢答席 1 上的指示灯
Q0.2	LQ2	//抢答席 2 上的指示灯
Q0.3	LQ3	//抢答席 3 上的指示灯

(3) 程序设计。

抢答器程序的梯形图如图 6-11 所示。本例的要点是：如何实现抢答器指示灯的"自锁"功能，即当某一抢答席抢答成功后，即使释放其抢答按钮，其指示灯仍然亮，直至主持人进行复位才熄灭。若 I0.0 接常开按钮，将如何修改此程序呢？

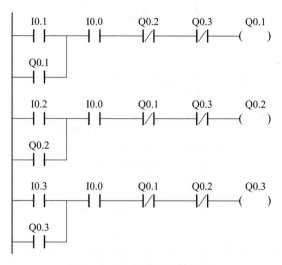

图 6-11　抢答器程序梯形图

四、定时器

1. 定时器介绍

S7-200 系列 PLC 的定时器是对内部时钟累计时间增量计时的。每个定时器均有一个 16 位的当前值寄存器用以存放当前值(16 位符号整数);一个 16 位的预置值寄存器用以存放时间的设定值;还有一位状态位,反映其触点的状态。

(1) 工作方式。

S7-200 系列 PLC 定时器按工作方式分为三大类。其指令格式如表 6-3 所示。

表 6-3　定时器的指令格式

LAD	STL	说　明
–IN　TON –PT	TON　T××, PT	TON—通电延时定时器;
–IN　TONR –PT	TONR T××, PT	TONR—记忆型通电延时定时器; TOF—断电延时定时器。 　IN 是使能输入端,指令盒上方输入定时器的编号(T××),范围为 T0~T255;PT 是预置值输入端,最大预置值为 32 767;PT 的数据类型为 INT;PT 操作数有 IW,QW,MW,SMW,T,C,VW,SW,AC,常数
–IN　TOF –PT	TOF　T××, PT	

(2) 时基。

按时基脉冲分,定时器分为 1 ms、10 ms、100 ms 3 种,如表 6-4 所示。不同的时基标准,定时精度、定时范围和定时器刷新的方式不同。

定时器的工作原理:使能输入有效后,当前值 PT 对 PLC 内部的时基脉冲增 1 计数,当计数值大于或等于定时器的预置值后，状态位置 1。其中，最小计时单位为时基脉冲的宽度，又为定时精度；从定时器输入有效，到状态位输出有效，经过的时间为定时时间，即定时时间=预置值×时基。当前值寄存器为 16 bit，最大计数值为 32 767。可见时基越大，定时时间越长，但精度越差。

表 6-4　定时器的类型

工作方式	时基/ms	最大定时范围/s	定时器号
TONR	1	32.767	T0，T64
	10	327.67	T1～T4，T65～T68
	100	3276.7	T5～T31，T69～T95
TON/TOF	1	32.767	T32，T96
	10	327.67	T33～T36，T97～T100
	100	3276.7	T37～T63，T101～T255

1 ms、10 ms、100 ms 定时器的刷新方式如下：

① 1 ms 定时器每隔 1 ms 刷新一次，其与扫描周期和程序处理无关，即采用中断刷新方式。因此，当扫描周期较长时，在一个周期内可能被多次刷新，其当前值在一个扫描周期内不一定保持一致。

② 10 ms 定时器则由系统在每个扫描周期开始时自动刷新。每个扫描周期内只刷新一次，故而每次程序处理期间，其当前值为常数。

③ 100 ms 定时器则在该定时器指令执行时刷新。下一条执行的指令即可使用刷新后的结果，非常符合正常的思路，使用方便可靠。但应当注意，如果该定时器的指令不是每个周期都执行，定时器就不能及时刷新，可能导致出错。

(3) 工作原理。

① 通电延时定时器(TON)的工作原理。

通电延时定时器应用程序及时序分析如图 6-12 所示。当 I0.0 接通，即使能端(IN)输入有效时，驱动 T37 开始计时，当前值从 0 开始递增，计时到设定值 PT 时，T37 状态位置 1，其常开触点 T37 接通，驱动 Q0.0 输出，其后当前值仍增加，但不影响状态位。当前值的最大值为 32 767。当 I0.0 分断，使能端无效时，T37 复位，当前值清零，状态位也清零，即恢复原始状态。若 I0.0 接通时间未到设定值就断开，则 T37 立即复位，Q0.0 不会有输出。

② 记忆型通电延时定时器(TONR)的工作原理。

使能端(IN)输入有效时(接通)，定时器开始计时，当前值递增，当前值大于或等于预置值(PT)时，输出状态位置 1。使能端输入无效(断开)时，当前值保持(记忆)，使能端(IN)再次接通有效时，在原记忆值的基础上递增计时。

注意：记忆型通电延时定时器采用线圈复位指令 R 进行复位操作，当复位线圈有效时，定时器当前位清零，输出状态位置 0。

记忆型通电延时定时器应用程序及时序分析如图 6-13 所示。如 T3，当输入 IN 为 1 时，定时器计时；当 IN 为 0 时，其当前值保持并不复位；下次 IN 再为 1 时，T3 当前值从原保持值开始往上加，将当前值与设定值 PT 比较，当前值大于等于设定值时，T3 状态位置 1，驱动 Q0.0 有输出，以后即使 IN 再为 0，也不会使 T3 复位，要使 T3 复位，必须使用复位指令。

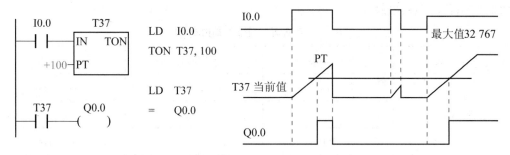

图 6-12 通电延时定时器应用程序及时序分析

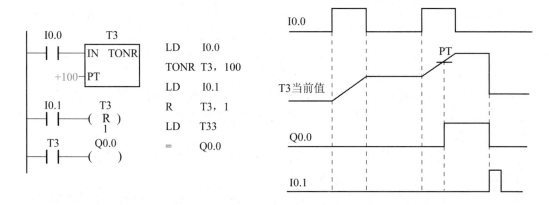

图 6-13 记忆型通电延时定时器应用程序及时序分析

③ 断电延时定时器(TOF)的工作原理。

断电延时定时器在输入断开，延时一段时间后，才断开输出。使能端(IN)输入有效时，定时器输出状态位立即置 1，当前值复位为 0。使能端(IN)断开时，定时器开始计时，当前值从 0 递增，当前值达到预置值时，定时器状态位复位为 0，并停止计时，当前值保持。

如果输入断开的时间小于预定时间，那么定时器仍保持接通。IN 再接通时，定时器当前值仍设为 0。断电延时定时器的应用程序及时序分析如图 6-14 所示。

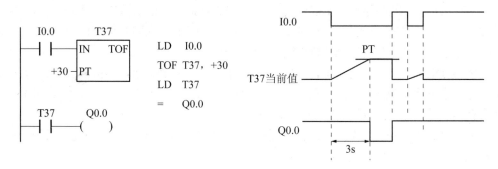

图 6-14 断电延时定时器的应用程序及时序分析

2. 定时器应用举例

【例 6-3】 用接在 I0.0 输入端的光电开关检测传送带上通过的产品，有产品通过时 I0.0 为 ON，如果在 10 s 内没有产品通过，由 Q0.0 发出报警信号，用 I0.1 输入端外接的开关解除报警信号。对应的程序梯形图如图 6-15 所示。

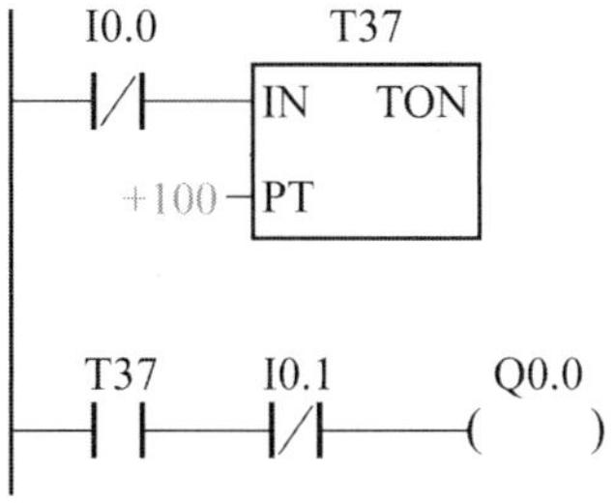

图 6-15 程序梯形图

【例 6-4】 闪烁电路。

图 6-16 所示为闪烁电路。图中 I0.0 的常开触点接通后，T37 的 IN 输入端为 1 状态，T37 开始定时。2 s 后定时时间到，T37 的常开触点接通，使 Q0.0 变为 ON，同时 T38 开始计时。3 s 后 T38 的定时时间到，它的常闭触点断开，使 T37 的 IN 输入端变为 0 状态，T37 的常开触点断开，Q0.0 变为 OFF，同时使 T38 的 IN 输入端变为 0 状态，其常闭触点接通，T37 又开始定时，以后 Q0.0 的线圈将这样周期性地"通电"和"断电"，直到 I0.0 变为 OFF。Q0.0 线圈的"通电"时间等于 T38 的设定值，"断电"时间等于 T37 的设定值。

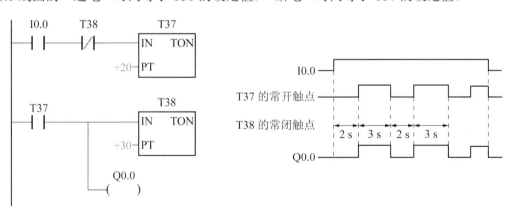

图 6-16 闪烁电路

五、计数器

1. 计数器介绍

计数器利用输入脉冲上升沿累计脉冲个数。计数器当前值大于或等于预置值时，状态位置 1。

S7-200 系列 PLC 有 3 类计数器：加计数器(CTU)、减计数(CTD)、加/减计数器(CTUD)。

(1) 计数器的指令格式如表 6-5 所示。

表 6-5   计数器的指令格式

STL	LAD	指令使用说明
CTU C×××, PV	CU CTU R PV	(1) 梯形图指令符号中, CU 为加计数脉冲输入端; CD 为减计数脉冲输入端; R 为加计数复位端; LD 为减计数复位端; PV 为预置值。
CTD C×××, PV	CD CTD LD PV	(2) C××× 为计数器的编号, 范围为 C0～C255。 (3) PV 预置值最大值为 32 767; PV 的数据类型为 INT; PV 操作数为 VW、T、C、IW、QW、MW、SMW、AC、AIW、K。
CTUD C×××, PV	CU CTUD CD R PV	(4) CTU/CTD/CTUD 使用要点: STL 形式中 CU、CD、R、LD 的顺序不能错; CU、CD、R、LD 信号可为复杂逻辑关系

(2) 计数器工作原理分析。

① 加计数器(CTU)。

当 CU 端有上升沿输入时, 计数器当前值加 1。当计数器当前值大于或等于设定值(PV)时, 该计数器的状态位置 1, 即其常开触点闭合。计数器仍计数, 但不影响计数器的状态位。直至计数达到最大值(32 767)。当 R=1 时, 计数器复位, 即当前值清零, 状态位也清零。

② 减计数器(CTD)。

当复位 LD 有效时, LD=1, 计数器把设定值(PV)装入当前值存储器, 计数器状态位复位(置零)。当 LD=0, 即计数脉冲有效时, 开始计数, CD 端每来一个输入脉冲上升沿, 当前值从设定值开始递减计数, 当前值等于 0 时, 计数器状态位置 1, 停止计数。

③ 加/减计数器(CTUD)。

当 CU 端(CD 端)有上升沿输入时, 计数器当前值加 1(减 1)。当计数器当前值大于或等于设定值时, 状态位置 1, 即其常开触点闭合。当 R=1 时, 计数器复位, 即当前值清零, 状态位也清零。加/减计数器计数范围为 − 32 768～32 767。

2. 计数器应用举例

【例 6-5】   加/减计数器指令应用示例, 其程序及运行时序如图 6-17 所示。

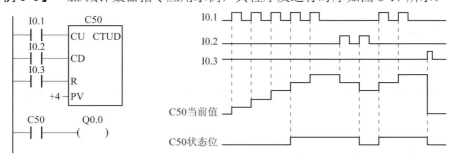

图 6-17   加/减计数器程序及运行时序

六、比较指令

1. 比较指令介绍

比较指令是将两个操作数按指定的条件比较，在梯形图中用带参数和运算符的触点表示比较指令，比较条件成立时，触点就闭合，否则断开。其指令格式如表 6-6 所示。

表 6-6 比较指令的指令格式

STL	LAD	说　明
LD□××IN1，IN2	IN1 ┤├××□├ IN2	比较触点接起始母线
A□××IN1，IN2	N ┤├ IN1 ┤├××□├ IN2	比较触点的"与"
O□××IN1，IN2	N ┤├ IN1 ┤××□├ IN2	比较触点的"或"

说明："××"表示比较运算符，"= ="表示等于，"<"表示小于，">"表示大于，"<="表示小于等于，">="表示大于等于，"<>"表示不等于。"□"表示操作数 N1、N2 的数据类型及范围。

比较指令分为字节比较(LDB、AB、OB)，整数比较(LDW、AW、OW)，双字整数比较(LDD、AD、OD)，实数比较(LDR、AR、OR)。

2. 比较指令应用举例

【例 6-6】 控制要求：一自动仓库存放某种货物，最多 6000 箱，需对所存的货物进出计数。货物多于 1000 箱，灯 L1 亮；货物多于 5000 箱，灯 L2 亮。其中，L1 和 L2 分别受 Q0.0 和 Q0.1 控制，数值 1000 和 5000 分别存储在 VW20 和 VW30 字存储单元中。

本控制系统的程序梯形图如图 6-18 所示。程序执行时序如图 6-19 所示。

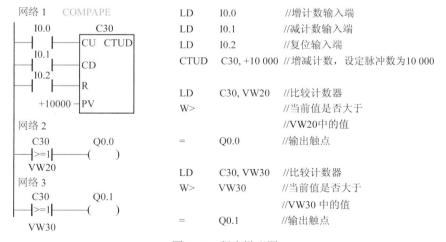

图 6-18 程序梯形图

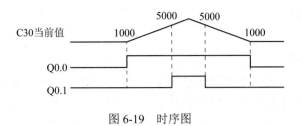

图 6-19　时序图

任务二 运算指令

一、算术运算指令

1. 整数与双整数加 / 减法指令

整数加法(ADD_I)和减法(SUB_I)指令：当使能输入有效时，将两个 16 位符号整数相加或相减，并产生一个 16 位的结果输出到 OUT。

双整数加法(ADD_DI)和减法(SUB_DI)指令：当使能输入有效时，将两个 32 位符号整数相加或相减，并产生一个 32 位结果输出到 OUT。

整数与双整数加 / 减法指令格式如表 6-7 所示。

表 6-7 整数与双整数加/减法指令格式

LAD	ADD_I EN ENO IN1 OUT IN2	SUB_I EN ENO IN1 OUT IN2	ADD_DI EN ENO IN1 OUT IN2	SUB_DI EN ENO IN1 OUT IN2
功能	IN1+IN2=OUT	IN1−IN2=OUT	IN1+IN2=OUT	IN1−IN2=OUT
操作数及 数据类型	IN1/IN2：VW, IW, QW, MW, SW, SMW, T, C, AC, LW, AIW, 常量, *VD, *LD, *AC。 OUT：VW, IW, QW, MW, SW, SMW, T, C, LW, AC, *VD, *LD, *AC。 IN/OUT 数据类型：整数		IN1/IN2：VD, ID, QD, MD, SMD, SD, LD, AC, HC, 常量, *VD, *LD, *AC。 OUT：VD, ID, QD, MD, SMD, SD, LD, AC, *VD, *LD, *AC。 IN/OUT 数据类型：双整数	

【例 6-7】 求 5000 加 400 的和，5000 在数据存储器 VW200 中，结果放入 AC0。程序梯形图如图 6-20 所示。

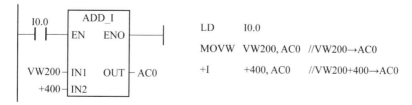

```
LD      I0.0
MOVW  VW200, AC0   //VW200→AC0
+I      +400, AC0     //VW200+400→AC0
```

图 6-20 程序梯形图

2. 整数乘 / 除法指令

整数乘法(MUL_I)指令：当使能输入有效时，将两个 16 位符号整数相乘，并产生一个 16 位乘积，从 OUT 指定的存储单元输出。

整数除法(DIV_I)指令：当使能输入有效时，将两个 16 位符号整数相除，并产生一个 16 位商，从 OUT 指定的存储单元输出，不保留余数。如果输出结果大于一个字，则溢出位 SM1.1 位置 1。

双整数乘法(MUL_DI)指令：当使能输入有效时，将两个 32 位符号整数相乘，并产生一个 32 位乘积，从 OUT 指定的存储单元输出。

双整数除法(DIV_DI)指令：当使能输入有效时，将两个 32 位符号整数相除，并产生一个 32 位商，从 OUT 指定的存储单元输出，不保留余数。

整数乘法产生双整数(MUL)指令：当使能输入有效时，将两个 16 位整数相乘，并产生一个 32 位乘积，从 OUT 指定的存储单元输出。

整数除法产生双整数(DIV)指令：当使能输入有效时，将两个 16 位整数相除，并产生一个 32 位商，从 OUT 指定的存储单元输出，其中高 16 位放余数，低 16 位放商。

整数乘 / 除法指令格式如表 6-8 所示。

表 6-8　整数乘/除法指令格式

	MUL_I	DIV_I	MUL_DI	DIV_DI	MUL	DIV
LAD	EN　ENO IN1　OUT IN2	EN　ENO IN1　OUT IN2	EN　ENO IN1　OUT IN2	EN　ENO IN1　OUT IN2	EN　ENO IN1　OUT IN2	EN　ENO IN1　OUT IN2
功能	IN1*IN2=OUT	IN1/IN2=OUT	IN1*IN2=OUT	IN1/IN2=OUT	IN1*IN2=OUT	IN1/IN2=OUT

【例 6-8】　乘/除法指令应用举例，其程序梯形图如图 6-21 所示。

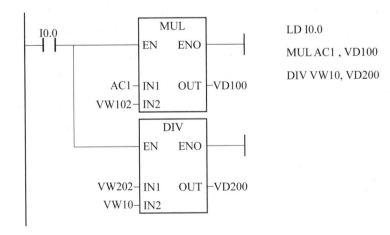

图 6-21　程序梯形图

注意：因为 VD100 包含 VW100 和 VW102 两个字，VD200 包含 VW200 和 VW202 两

个字，所以在语句表指令中不需要使用数据传送指令。

3. 实数加/减/乘/除指令

实数加法(ADD_R)、减法(SUB_R)指令：当使能输入有效时，将两个 32 位实数相加(减)，并产生一个 32 位实数结果，从 OUT 指定的存储单元输出。

实数乘法(MUL_R)、除法(DIV_R)指令：当使能输入有效时，将两个 32 位实数相乘(除)，并产生一个 32 位乘积(商)，从 OUT 指定的存储单元输出。

实数加/减/乘/除指令的指令格式如表 6-9 所示。

表 6-9　实数加/减/乘/除指令的指令格式

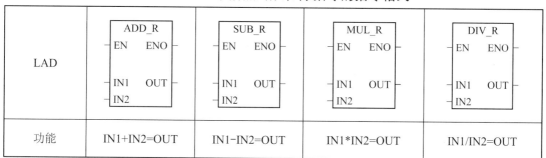

LAD	ADD_R　EN ENO　IN1 OUT　IN2	SUB_R　EN ENO　IN1 OUT　IN2	MUL_R　EN ENO　IN1 OUT　IN2	DIV_R　EN ENO　IN1 OUT　IN2
功能	IN1+IN2=OUT	IN1−IN2=OUT	IN1*IN2=OUT	IN1/IN2=OUT

4. 数学函数变换指令

(1) 平方根(SQRT)指令：对 32 位实数(IN)取平方根，并产生一个 32 位实数结果，从 OUT 指定的存储单元输出。

(2) 自然对数(LN)指令：对 IN 中的数值进行自然对数计算，并将结果置于 OUT 指定的存储单元中。

(3) 自然指数(EXP)指令：将 IN 取以 e 为底的指数，并将结果置于 OUT 指定的存储单元中。

(4) 三角函数指令：将一个实数的弧度值 IN 分别求 SIN、COS、TAN，得到实数运算结果，从 OUT 指定的存储单元输出。

数学函数变换指令的指令格式如表 6-10 所示。

表 6-10　数学函数变换指令的指令格式

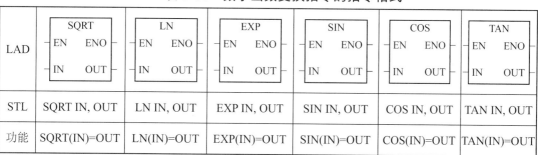

LAD	SQRT　EN ENO　IN OUT	LN　EN ENO　IN OUT	EXP　EN ENO　IN OUT	SIN　EN ENO　IN OUT	COS　EN ENO　IN OUT	TAN　EN ENO　IN OUT
STL	SQRT IN, OUT	LN IN, OUT	EXP IN, OUT	SIN IN, OUT	COS IN, OUT	TAN IN, OUT
功能	SQRT(IN)=OUT	LN(IN)=OUT	EXP(IN)=OUT	SIN(IN)=OUT	COS(IN)=OUT	TAN(IN)=OUT

【例 6-9】　求 45°正弦值。

分析：先将 45°转换为弧度：(3.141 59÷180)×45，再求正弦值。程序梯形图如图 6-22 所示。

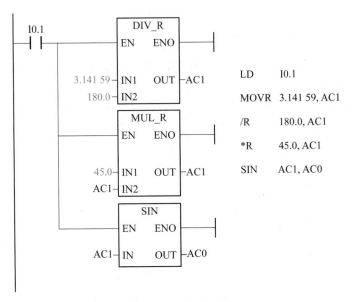

图 6-22　程序梯形图

二、逻辑运算指令

逻辑运算是对无符号数按位进行与、或、异或和取反等操作。操作数的长度有 B、W、DW。逻辑运算指令的指令格式如表 6-11 所示。

表 6-11　逻辑运算指令的指令格式

	WAND_B / WAND_W / WAND_DW	WOR_B / WOR_W / WOR_DW	WXOR_B / WXOR_W / WXOR_DW	INV_B / INV_W / INV_DW
LAD	WAND_B　EN ENO　IN1 OUT　IN2　　WAND_W　EN ENO　IN1 OUT　IN2　　WAND_DW　EN ENO　IN1 OUT　IN2	WOR_B　EN ENO　IN1 OUT　IN2　　WOR_W　EN ENO　IN1 OUT　IN2　　WOR_DW　EN ENO　IN1 OUT　IN2	WXOR_B　EN ENO　IN1 OUT　IN2　　WXOR_W　EN ENO　IN1 OUT　IN2　　WXOR_DW　EN ENO　IN1 OUT　IN2	INV_B　EN ENO　IN OUT　　INV_W　EN ENO　IN OUT　　INV_DW　EN ENO　IN OUT
STL	ANDB IN1，OUT ANDW IN1，OUT ANDD IN1，OUT	ORB IN1，OUT ORW IN1，OUT ORD IN1，OUT	XORB IN1，OUT XORW IN1，OUT XORD IN1，OUT	INVB OUT INVW OUT INVD OUT
功能	IN1、IN2 按位相与	IN1、IN2 按位相或	IN1、IN2 按位异或	对 IN 取反

三、递增、递减指令

递增、递减指令用于对输入无符号数字节、符号数字、符号数双字进行加 1 或减 1 的操作。递增、递减指令的指令格式如表 6-12 所示。

表 6-12　递增、递减指令的指令格式

LAD	INC_B EN　ENO IN　OUT DEC_B EN　ENO IN　OUT		INC_W EN　ENO IN　OUT DEC_W EN　ENO IN　OUT		INC_DW EN　ENO IN　OUT DEC_DW EN　ENO IN　OUT	
STL	INCB OUT	DECB OUT	INCW OUT	DECW OUT	INCD OUT	DECD OUT
功能	字节加 1	字节减 1	字加 1	字减 1	双字加 1	双字减 1

任务三　数据处理指令

一、数据传送指令

单数据传送指令是用来传送单个的字节、字、双字、实数的指令。其指令格式如表 6-13 所示。

表 6-13　单数据传送指令的指令格式

LAD	MOV_B EN　ENO IN　OUT	MOV_W EN　ENO IN　OUT	MOV_DW EN　ENO IN　OUT	MOV_R EN　ENO IN　OUT
STL	MOVB IN，OUT	MOVW IN，OUT	MOVD IN，OUT	MOVR IN，OUT
类型	字节	字、整数	双字、双整数	实数
功能	使能输入有效，即 EN=1 时，将一个输入 IN 的字节、字/整数、双字/双整数或实数送到 OUT 指定的存储器输出。在传送过程中不改变数据的大小。传送后，输入存储器 IN 中的内容不变			

数据块传送指令是将从输入地址 IN 开始的 N 个数据传送到输出地址 OUT 开始的 N 个单元中。N 的范围为 1～255，N 的数据类型为字节。其指令格式如表 6-14 所示。

表 6-14　数据块传送指令的指令格式

LAD	BLKMOV_B EN　ENO IN　OUT N	BLKMOV_W EN　ENO IN　OUT N	BLKMOV_D EN　ENO IN　OUT N
STL	BMB IN，OUT	BMW IN，OUT	BMD IN，OUT
操作数及数据类型	IN：VB，IB，QB，MB，SB，SMB，LB。 OUT：VB，IB，QB，MB，SB，SMB，LB。 数据类型：字节	IN：VW，IW，QW，MW，SW，SMW，LW，T，C，AIW。 OUT：VW，IW，QW，MW，SW，SMW，LW，T，C，AQW。 数据类型：字	IN/OUT：VD，ID，QD，MD，SD，SMD，LD。 数据类型：双字
	N：VB，IB，QB，MB，SB，SMB，LB，AC，常量。数据类型：字节。数据范围：1～255		
功能	使能输入有效，即 EN=1 时，把从输入 IN 开始的 N 个字节(字、双字)传送到以输出 OUT 开始的 N 个字节(字、双字)中		

二、移位指令

移位指令分为左、右移位和循环左、右移位及寄存器移位指令 3 大类。前两类移位指令按移位数据的长度又分字节型、字型、双字型 3 种。

1. 左、右移位指令

(1) 左移位(SHL)指令。

当使能输入有效时，将输入 IN 的无符号数字节、字或双字中的各位向左移 N 位后(右端补 0)，将结果输出到 OUT 所指定的存储单元中，如果移位次数大于 0，最后一次移出位保存在"溢出"存储器位 SM1.1。如果移位结果为 0，零标志位 SM1.0 置 1。

(2) 右移位(SHR)指令。

当使能输入有效时，将输入 IN 的无符号数字节、字或双字中的各位向右移 N 位后，将结果输出到 OUT 所指定的存储单元中，移出位补 0，最后一移出位保存在 SM1.1。如果移位结果为 0，零标志位 SM1.0 置 1。其指令格式如表 6-15 所示。

表 6-15 左、右移位指令的指令格式

LAD	SHL_B EN ENO IN OUT N SHR_B EN ENO IN OUT N	SHL_W EN ENO IN OUT N SHR_W EN ENO IN OUT N	SHL_DW EN ENO IN OUT N SHR_DW EN ENO IN OUT N
STL	SLB OUT, N SRB OUT, N	SLW OUT, N SRW OUT, N	SLD OUT, N SRD OUT, N

2. 循环左、右移位指令

循环移位将移位数据存储单元的首尾相连，同时又与溢出标志 SM1.1 连接，SM1.1 用来存放被移出的位。

(1) 循环左移位(ROL)指令。

当使能输入有效时，将 IN 输入无符号数(字节、字或双字)循环左移 N 位后，将结果输出到 OUT 所指定的存储单元中，移出的最后一位的数值送溢出标志位 SM1.1。当需要移位的数值是零时，零标志位 SM1.0 为 1。

(2) 循环右移位(ROR)指令。

当使能输入有效时，将 IN 输入无符号数(字节、字或双字)循环右移 N 位后，将结果输出到 OUT 所指定的存储单元中，移出的最后一位的数值送溢出标志位 SM1.1。当需要移位的数值是零时，零标志位 SM1.0 为 1。表 6-16 为循环左、右移位指令的指令格式。

表 6-16　循环左、右移位指令的指令格式

LAD	ROL_B / ROR_B	ROL_W / ROR_W	ROL_DW / ROR_DW
STL	RLB　OUT, N RRB　OUT, N	RLW　OUT, N RRW　OUT, N	RLD　OUT, N RRD　OUT, N

表 6-17 所示为字循环右移 3 次举例。

表 6-17　字循环右移 3 次举例

移位次数	地址	单元内客	位 SM1.1	说　　明
0	LW0	1011010100110011	X	移位前
1	LW0	1101101010011001	1	右端 1 移入 SM1.1 和 LW0 左端
2	LW0	1110110101001100	1	右端 1 移入 SW1.1 和 LW0 左端
3	LW0	0111011010100110	0	右端 0 移入 SW1.1 和 LW0 左端

【例 6-10】　用 I0.0 控制接在 Q0.0~Q0.7 上的 8 个彩灯循环移位，从左到右以 0.5 s 的速度依次点亮，保持任意时刻只有一个指示灯亮，到达最右端后，再从左到右依次点亮。

分析：8 个彩灯循环移位控制，可以用字节的循环移位指令。根据控制要求，首先应置彩灯的初始状态为 QB0=1，即左边第一盏灯亮；接着灯从左到右以 0.5 s 的速度依次点亮，即要求字节 QB0 中的"1"用循环左移位指令每 0.5 s 移动一位，因此须在 ROL-B 指令的 EN 端接一个 0.5 s 的移位脉冲(可用定时器实现)。梯形图程序和语句表程序如图 6-23 所示。

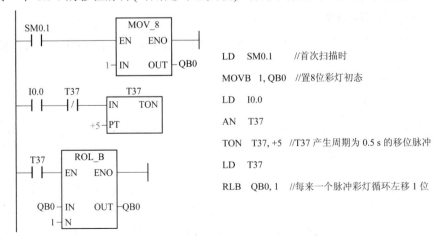

图 6-23　梯形图程序和语句表程序

3. 移位寄存器(SHRB)指令

移位寄存器(SHRB)指令是可以指定移位寄存器的长度和移位方向的移位指令，实现将 DATA 数值移入移位寄存器。其指令格式如图 6-24 所示。

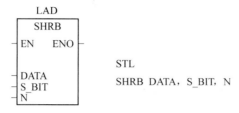

图 6-24　移位寄存器指令的指令格式

EN 为使能输入端，连接移位脉冲信号，每次使能有效时，整个移位寄存器移动 1 位。DATA 为数据输入端，连接移入移位寄存器的二进制数值，执行指令时将该位的值移入寄存器。S_BIT 指定移位寄存器的最低位。N 指定移位寄存器的长度和移位方向，移位寄存器的最大长度为 64 位。N 为正值表示左移位，输入数据(DATA)移入移位寄存器的最低位(S_BIT)，并移出移位寄存器的最高位。N 为负值表示右移位，输入数据移入移位寄存器的最高位中，并移出最低位(S_BIT)。

习　题

1. PLC 系统由哪些组成？
2. PLC 输出电路结构形式分为几种？
3. PLC 采用的工作方式是什么？
4. PLC 一个扫描周期需经过哪些阶段？

参 考 文 献

[1] 李长军. 数控机床电气控制系统安装与调试[M]. 北京：机械工业出版社，2017.

[2] 关薇. 数控机床装调与维修[M]. 北京：北京交通大学出版社，2020.

[3] 高艳平. 数控机床电气控制安装与调试[M]. 北京：中国石油大学出版社，2018.

[4] 夏燕兰. 数控机床电气控制[M]. 3 版. 北京：机械工业出版社，2019.